普通高等教育"十三五"应用型人才培养规划教材

EDA 实用技术

主 编 ◎ 涂敦兰　董　钢

西南交通大学出版社
·成都·

图书在版编目（CIP）数据

EDA 实用技术 / 涂敦兰，董钢主编. —成都：西南交通大学出版社，2017.8
普通高等教育"十三五"应用型人才培养规划教材
ISBN 978-7-5643-5679-8

Ⅰ. ①E… Ⅱ. ①涂… ②董… Ⅲ. ①电子电路–计算机辅助设计–高等学校–教材 Ⅳ. ①TN702.2

中国版本图书馆 CIP 数据核字（2017）第 206457 号

普通高等教育"十三五"应用型人才培养规划教材
EDA 实用技术

主　编 / 涂敦兰　董　钢	责任编辑 / 李芳芳
	特邀编辑 / 张玉蕾
	封面设计 / 何东琳设计工作室

西南交通大学出版社出版发行
（四川省成都市二环路北一段 111 号西南交通大学创新大厦 21 楼　610031）
发行部电话：028-87600564
网址：http://www.xnjdcbs.com
印刷：成都中铁二局永经堂印务有限责任公司

成品尺寸　185 mm × 260 mm
印张　10.75　　字数　268 千
版次　2017 年 8 月第 1 版　　印次　2017 年 8 月第 1 次

书号　ISBN 978-7-5643-5679-8
定价　28.00 元

课件咨询电话：028-87600533
图书如有印装质量问题　本社负责退换
版权所有　盗版必究　举报电话：028-87600562

前 言
QIANYAN

EDA 是电子设计自动化（Electronics Design Automation）的缩写，在 20 世纪 60 年代中期从计算机辅助设计（CAD）、计算机辅助制造（CAM）、计算机辅助测试（CAT）和计算机辅助工程（CAE）的概念发展而来的。

20 世纪 90 年代，国际上电子和计算机技术较为先进的国家，一直在积极探索新的电子电路设计方法，并在设计方法、工具等方面进行了彻底的变革，取得了巨大成功。在电子技术设计领域，可编程逻辑器件（如 CPLD、FPGA）的应用，已得到广泛的普及。这些器件为数字系统的设计带来了极大的灵活性，它们可以通过软件编程而对其硬件结构和工作方式进行重构，从而使得硬件的设计可以如同软件设计那样方便快捷。这一切极大地改变了传统的数字系统设计方法、设计过程和设计观念，促进了 EDA 技术的迅速发展。

EDA 技术就是以计算机为工具，设计者在 EDA 软件平台上，用硬件描述语言 VerilogHDL 完成设计文件，然后由计算机自动地完成逻辑编译、化简、分割、综合、优化、布局、布线和仿真，直至对于特定目标芯片的适配编译、逻辑映射和编程下载等工作。EDA 技术的出现，极大地提高了电路设计的效率和可操作性，减轻了设计者的劳动强度。

将 EDA 技术作为一门重要的专业基础课，在大多数高校的相关学科中已成为共识，但就其教学内容和实验安排上，当今尚有诸多不同看法，这里列出几点，以供探讨：

◆ 课程应分三个层次来教学，即将诸如 EWB、PSPICE 和 Protel 的学习作为 EDA 的最初级内容；VHDL 和 FPGA 开发等作为中级内容；ASIC 设计为最高级内容；

◆ EDA 技术学习中，VHDL 的学习需要花费半年乃至一年的时间才能完成；

◆ EDA 技术只是数字电路课的延续和补充，因此，实验内容应该具有一致性，即只需以 EDA 的手段完成与数字电路实验相近的实验项目即可。

以上看法值得商榷，我们认为关键的问题在于怎样紧紧把握课程教学中最实质的东西，即必须突出要点：

首先是明确最基本的教学内容。EDA 技术的教学必须围绕这样一个核心内容来展开，即学习一种通过软件的方法来高效地完成硬件设计的计算机技术，尽量略去其他没有直接联系的内容，如 EWB、PSPICE、Protel 等。因为这些工具仅属 CAD 的范畴，它们没有现代自动化设计中关于行为与结构综合的概念，没有自顶向下设计理论的内容。此外，因为无论是 ASIC 还是 FPGA，都只是 EDA 最后的实现目标。EDA 的特性决定了其实现方式具有很大的自由度。而最实质、最能体现创造性的是利用 EDA 技术完成某一项目的设计方案。因为基于 FPGA 的实现几乎如同软件一样可以随心所欲，而 ASIC 的前端设计与 FPGA 十分相近，可以利用 ASIC 设计 EDA 软件来完成，其最终的实现通常类似于交付 PCB 制作文件一样，可将最终的网表文件交付专业厂家来负责。今天的 EDA 技术已经使得"从事 IP 开发的无芯片 EDA 公司"和"无生产线的 IC 企业"成为可能，而且将可能成为我国现代电子技术的重要产业。

我们认为，对于教学内容如果要分层次的话，从实现的方法和内容上去分比从实现的工具和工艺上去分更为合理。例如，可以将逻辑行为的实现作为最低层，即用 EDA 工具完成数字电路实验中的部分内容，如红绿灯控制、数码译码显示、逻辑表决等；将控制与通信的实现作为第二层次，如 A/D 高速采样、工业自动化控制、接口与通信模块的设计等；而将算法的实现作为最高层次，如 FIR、FFT、CPU 的设计等。因为这样能使教学效果更好地反映 EDA 技术最本质的内容。

其次是改善教学方法。考虑到目前的本科课程门类已大为增加，任何一门非公共课的学时都不会很多。显然，突出要点才能有效控制学时。建议这门课可安排 52 学时左右，包括实验课学时。这就要求主要以引导性教学为主。例如对 VHDL 的教学就不能像 C 或汇编语言那样逐条语句讲授，而是结合具体实例讲解最基本的语句现象及其使用方法。

再次就是注重教学实效。数字电路与 EDA 技术课程的侧重点不同：前者侧重于逻辑行为的认知和验证；后者侧重于实用电子系统的设计，因此该课程具有很强的实践性。针对性强的实验应该是教学的重要环节，EDA 实验更应注重质量，而决非仅仅使用了什么 EDA 软件。在初级阶段，用 EDA 工具重复一些数字电路课中的实验是必需的，但这远非 EDA 实验的全部。因为数字电路实验的重点是逻辑行为和功能的验证，因而可用手工插线方式来完成"设计"，而不涉及任何技术指标和规模。众所周知，电子系统技术指标是十分重要的，这包括速度、面积（芯片资源）、可靠性、容错性、电磁兼容性等。有时往往指标要求决定了所使用的技术，指标要求推动技术的发展。全国大学生电子设计竞赛题从来不提使用何种工具或技术来完成赛题，但参赛者不得不根据给出的技术指标做出选择。因此，EDA 课程的实验，除了必须完成的基础性项目外，引导学生完成一些传统电子设计技术（包括单片机）不能实现的内容，从而突出了这一现代电子设计技术的优势。例如 UART、PS/2 或 USB 接口的设计突出自主知识产权的概念；VGA 显示器的控制或状态机控制 A/D 采样突出了高速性能指标的实现；FIR 设计表现了基于 EDA 技术特有的 IP 应用技术；纯硬件奏乐电路的设计体现了 EDA 工具面对复杂逻辑电路设计的突出优势等。在这些实践过程中，学生会发现，诸如 ISP 下载方式、FPGA、ASIC 乃至 EDA 软件等设计手段本身都成了配角，而唯有对更高质地完成实验项目而不懈追求的设计能动性和创造性成了主角，从而有效地提高这门以培养工程实践能力为主的课程的教学效果。

现代电子设计技术是发展的，相应的教学内容和教学方法也应不断改进，其中一定有许多问题值得深入探讨，也包括以上提出的有关 EDA 教学的一家之言。我们真诚地欢迎读者对书中有失偏颇之处给予批评指正。

作　者

2017 年 6 月

目 录
MU LU

情景 1 概 述 1
1.1 EDA 技术及其发展 1
1.2 EDA 技术实现目标 2
1.3 硬件描述语言 VHDL 4
1.4 VHDL 综合 5
1.5 基于 VHDL 的自顶向下设计方法 6
1.6 EDA 技术的优势 7
1.7 EDA 的发展趋势 8

情景 2 EDA 设计流程及其工具 9
2.1 EDA 设计流程 9
2.2 ASIC 及其设计流程 11
2.3 常用 EDA 工具 13
2.4 Quartus Ⅱ 简介 14
2.5 IP 核概念介绍 15

情景 3 FPGA/CPLD 结构与应用 17
3.1 概述 17
3.2 简单可编程逻辑器件原理 18

情景 4 VHDL 设计初步 25
4.1 多路选择器的 VHDL 描述 25
4.2 寄存器描述及其 VHDL 语言现象 30
4.3 1 位二进制全加器的 VHDL 描述 36
4.4 计数器设计 40
4.5 一般加法计数器设计 43

情景 5 Quartus II 应用向导 ································· 48
5.1 基本设计流程 ·· 48
5.2 Quartus：工程示例 ·· 52

情景 6 VHDL 设计进阶 ·· 66
6.1 VHDL 语法要素 ·· 66
6.2 VHDL 语言顺序语句 ·· 82
6.3 VHDL 并行语句 ·· 96
6.4 子程序 ·· 109

情景 7 状态机设计 ·· 122
7.1 状态机的定义 ·· 122
7.2 状态机的分类 ·· 122
7.3 状态机的设计步骤 ·· 123
7.4 Mealy 型状态机设计 ·· 123
7.5 Mealy 状态机优化 ·· 127
7.6 Moore 型有限状态机设计 ······································ 129

情景 8 实验练习 ··· 138
实验一 组合逻辑 3-8 译码器的设计 ··························· 138
实验二 组合逻辑电路的设计 ·································· 152
实验三 触发器功能的模拟实现 ································ 155
实验四 扫描显示驱动电路 ······································ 157
实验五 计数器及时序电路 ······································ 158
实验六 数字钟（综合实验） ···································· 162
实验七 字符发生器 ·· 164

参考文献 ·· 166

情景 1 概 述

1.1 EDA 技术及其发展

EDA（Electronic Design Automation）即电子设计自动化。EDA 技术，就是以大规模可编程逻辑器件为设计载体，以硬件描述语言为系统逻辑描述的主要表达方式，以计算机、大规模可编程逻辑器件的开发软件及实验开发系统为设计工具，通过相关的开发软件，自动完成用软件方式设计电子系统到硬件系统的逻辑编译、逻辑化简、逻辑分割、逻辑综合及优化、逻辑布局布线、逻辑仿真，直至完成对于特定目标芯片的适配编译、逻辑映射、编程下载等工作，最终形成集成电子系统或专用集成芯片的一门新技术。

利用 EDA 技术进行电子系统的设计，具有以下特点：① 用软件的方式设计硬件；② 用软件方式设计的电子系统到硬件系统的转换是由相关的开发软件自动完成的；③ 设计过程中可用有关软件进行各种仿真；④ 系统可现场编程，在线升级；⑤ 整个系统可集成在一个芯片上，体积小、功耗低、可靠性高。因此，EDA 技术是现代电子设计的发展趋势。

EDA 技术发展有以下三个阶段：

1. 20 世纪 70 年代 ▶ MOS 工艺 ▶ CAD 概念

20 世纪 70 年代，MOS 工艺在集成电路制作方面得到广泛应用，可编程逻辑技术及器件已经出现。计算机在科研领域的广泛应用，促使了 CAD 技术的出现。CAD（Computer Assist Design）即计算机辅助设计。在这一阶段，人们开始利用计算机取代手工劳动，辅助进行集成电路版图设计、PCB 布局布线等工作。

2. 20 世纪 80 年代 ▶ CMOS 时代 ▶ 出现 FPGA

20 世纪 80 年代，集成电路设计进入 CMOS 时代，复杂可编程逻辑器件（CPLD）已经进入商业应用，80 年代末，出现了 FPGA。CAD 技术和 CAE 技术应用更加广泛。CAE（Computer Assist Engineering Design）即计算机辅助工程设计，它集逻辑图输入、逻辑模拟、测试码生成、电路模拟、版图设计、版图验证等工具于一体，构成一个较完整的 IC 设计系统。在这一阶段，还出现了各种硬件描述语言。

3. 20世纪90年代 ➤ ASIC 设计技术 ➤ EDA 技术

20 世纪 90 年代，随着硬件描述语言的标准化得到进一步的确立，HDL 输入取代了逻辑输入，计算机辅助工程、辅助分析和辅助设计在电子技术领域获得更加广泛的应用。集成电路设计工艺步入了超深亚微米阶段，百万门以上的大规模可编程逻辑器件的陆续面世，以及基于计算机技术的、面向用户的低成本大规模 ASIC 设计技术的应用，促进了 EDA 技术的形成。

EDA 技术在进入 21 世纪后，得到了更大的发展：

① EDA 使得电子领域各学科的界限更加模糊，更加互为包容；
② 更大规模的 FPGA 和 CPLD 器件不断推出；
③ 基于 EDA 工具用于 ASIC 设计的标准单元包括大规模电子系统及复杂 IP 核模块；
④ 软硬件 IP（Intellectual Property）核在电子行业得到广泛应用；
⑤ SoC 高效低成本设计技术变得成熟；
⑥ 系统级硬件描述语言出现（如 System C）使复杂电子系统设计和验证趋于简单。

1.2 EDA 技术实现目标

1.2.1 目标

EDA 技术实现目标是完成专用集成电路 ASIC 的设计和实现，如图 1.1 所示。

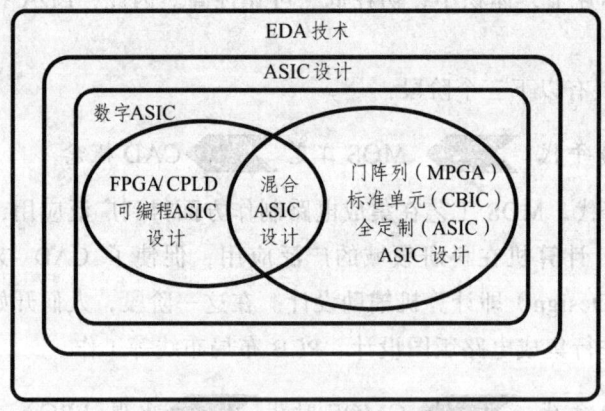

图 1.1 EDA 技术实现目标

ASIC（Application Specific Integrated Circuits）是指应特定用户要求或特定应用需要而设计制造的集成电路。

ASIC 的概念早在 20 世纪 60 年代就有人提出，但其真正发展是在进入 20 世纪 80 年代以后。其技术特点是工艺和设计技术均已成熟，由于电子产品竞争激烈，迫使厂商采用 ASIC 取代中小规模 IC 构成系统。

采用 ASIC 来实现系统集成具有如下优点：① 缩小体积，减轻重量，降低功耗；② 提高可靠性；③ 易于获得高性能；④ 可增强保密性；⑤ 大批量应用时可降低系统成本。

与通用 IC 相比，ASIC 具有如下特点：① 功能强、品种多、批量小；② 使用寿命与整机的寿命有关。

1.2.2　ASIC 技术发展对当代电子系统设计的影响

ASIC 技术发展对当代电子系统设计的影响主要体现在两个方面：① 用 ASIC 实现系统集成；② 系统和电路工程师参与 ASIC 设计。

过去，电子系统设计的基本思路是：选用中小规模的通用标准 IC 构成电路、子系统、系统。采用"Bottom.up"设计方法。这样设计出的电子系统，所用元件的种类和数量均较多，体积功耗大，可靠性差，且调试困难。

现在的电子系统设计采用 Top.down 设计思路：由整机单位对整个系统进行方案设计、功能划分，系统的关键电路用一片或几片 ASIC 实现。且这些 ASIC 是由系统或电路设计师亲自参与设计的，完成电路到芯片版图的设计后，再交由 IC 工厂投片加工，或是用可编程专用集成电路（例如 FPGA）现场编程实现。

在新形势下，作为电子设计工程师，我们担当的角色发生了某种程度的变化。

过去——我们仅仅是 IC 用户，现在——要参与到 ASIC 的设计与开发中去。这就要求我们除了要有线路和系统的基础外，还要了解集成电路的内部结构、生产工艺、设计原则和设计方法等方面的知识。

1.2.3　ASIC 的实现途径

ASIC 的实现可通过三种途径来完成：

1. 超大规模可编程逻辑器件

FPGA 和 CPLD 是实现这一途径的主流器件，它们的特点是直接面向用户，具有极大的灵活性和通用性，使用方便，硬件测试和实现快捷，开发效率高，成本低，上市时间短，技术维护简单，工作可靠性好等。由于 FPGA 和 CPLD 的开发工具、开发流程和使用方法与 ASIC 有类似之处，因此，这类器件通常也被称为可编程 ASIC。

2. 半定制或全定制 ASIC

基于 EDA 技术的半定制或全定制 ASIC，根据它们的实现工艺，可统称为掩模 ASIC。其特点如图 1.2 所示。可编程 ASIC 与掩模 ASIC 相比，其不同之处就在于它具有面向用户的灵活多样的可编程性。

1）门阵列 ASIC

门阵列芯片包括预定制的相连的 PMOS 和 NMOS 晶体管行。在设计中，用户可以借助 EDA 工具将原理图或硬件描述语言模型映射为相应门阵列晶体管配置，创建一个指定金属互连路径文件，从而完成门阵列 ASIC 的开发。现在，Altera 公司的 HardCopy 技术，可以提供一种把 FPGA 的设计转化为门阵列 ASIC 的途径。

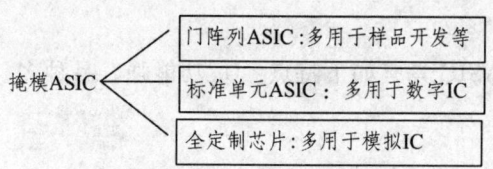

图 1.2　掩模 ASIC 特点

2）标准单元 ASIC

目前大多数 ASIC 是基于标准单元库进行设计的（Cell Based Integrated Circuits，CBIC）。库中包括不同复杂性的逻辑元件：SSI 逻辑块、MSI 逻辑块、数据通道模块、存储器、IP 乃至系统级模块。库中每个单元的版图已事先设计好，并已经过工艺和性能验证，使用者只需利用 EDA 软件使用各模块即可，而不必去了解各电路的细节。

3）全定制 ASIC

在针对特定工艺建立的设计规则下，全定制 ASIC 的设计者对电路的设计有完全的控制权，设计者可以使用版图编辑工具，对每个晶体管的版图尺寸、位置及互连线进行设计。该领域的一个例外是混合信号设计，使用通信电路中的 ASIC 可以定制设计其模拟部分。

3. 混合 ASIC

混合 ASIC（不是指数模混合 ASIC）主要指既具有面向用户的 FPGA 可编程功能和逻辑资源，同时也含有可方便调用和配置的硬件标准单元模块，如 CPU、RAM、ROM、硬件加法器、硬件乘法器、锁相环等模块。Xilinx、Altera 等公司已经推出了这方面的器件，如 Virtex.4 系列和 Stratix Ⅱ 系列等。混合 ASIC 已成为 SOC 和 SOPC 设计的便捷途径。

1.3　硬件描述语言 VHDL

硬件描述语言是 EDA 技术的重要组成部分。常见的硬件描述语言有：VHDL、Verilog HDL、System Verilog、System C。其中 VHDL、Verilog 使用最普遍，也拥有几乎所有主流 EDA 工具的支持。而 System Verilog 和 System C 这两种硬件描述语言主要是针对系统级的设计，目前还处于不断完善的过程中。

标准硬件描述语言 VHDL（Very High Speed Integrated Circuit Hardware Description Language）进行工程设计的优点是多方面的。

(1) 与其他的硬件描述语言相比，VHDL 具有更强的行为描述能力，从而决定了它成为系统设计领域最佳的硬件描述语言。强大的行为描述能力是避开具体的器件结构、从逻辑行为上描述和设计大规模电子系统的重要保证。

(2) VHDL 丰富的仿真语句和库函数，使得在任何大系统的设计早期就能查验设计系统的功能可行性，随时可对设计系统进行仿真模拟。

(3) VHDL 语句的行为描述能力和程序结构决定了它具有支持大规模设计的分解和已有设计的再利用功能。如果要高速、高效地完成符合市场需求的大规模系统，必须有多人甚至多个开发组共同并行工作才能实现。

(4) 对于用 VHDL 完成的一个确定的设计，可以利用 EDA 工具进行逻辑综合和优化，并自动把 VHDL 描述设计转变成门级网表。

(5) VHDL 对设计的描述具有相对独立性，设计者可以不懂硬件的结构，也不必考虑最终设计实现的目标器件是什么，只要进行独立的设计即可。

1.4 VHDL 综合

综合就是把某些东西结合到一起，把设计抽象层次的一种表示转化成另一种表示的过程。在电子设计领域中综合的概念可以表示为：将用行为和功能层次表达的电子系统转换成低层次的、便于具体实现的模块组合装配的过程。

如图 1.3 所示，VHDL 硬件描述语言综合器可以将抽象的 VHDL 描述转化成低层次的门级网表；而软件程序编译器可以将高级语言程序转化成低级的机器代码，二者本质上相同吗？

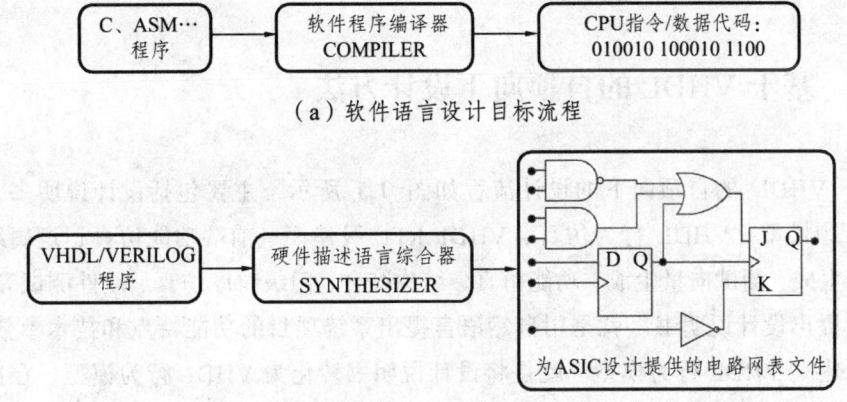

(a) 软件语言设计目标流程

(b) 硬件语言设计目标流程

图 1.3 设计目标流程

它们的本质是不同的。

编译器将软件程序翻译成基于某种特定 CPU 的机器代码，该代码仅限于这种 CPU 而不能移植，并且机器代码不代表硬件结构，更不能改变 CPU 的硬件结构，只能被 CPU 利用。如果脱离了已有的硬件环境（CPU），机器代码将失去意义。

综合器可以将抽象的 VHDL 描述转化成底层的电路结构门级网表文件，这种网表文件不依赖于任何特定的硬件环境，因此可以独立存在，并且能轻易地被移植到任何通用的硬件环境中，如 ASIC、FPGA 等。VHDL 综合器运行流程如图 1.4 所示。

综合器在接受 VHDL 程序并准备对其综合前，必须获得与最终实现电路硬件特征相关的工艺库的信息，以及获得优化综合的各种约束条件。一般约束条件可以分为三种：设计规则、时间约束、面积约束。

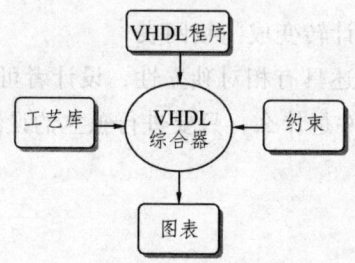

图 1.4 VHDL 综合器运行流程

综合器在将硬件描述语言表达的电路功能转化成具体的电路结构网表的过程中，具有明显的能动性和创造性，它不是机械地一一对应地翻译，而是根据设计库、工艺库以及预先设置的各类约束条件，选择最优的方式完成对电路结构的设计。

另外，并不是所有的 VHDL 语法都是可综合的，不同的综合器所支持的 VHDL 子集也不相同。因此，相同的 VHDL 源代码、不同的 VHDL 综合器可能综合出结构和功能并不完全相同的电路系统。

1.5 基于 VHDL 的自顶向下设计方法

基于 VHDL 的自顶向下的设计流程如图 1.5 所示，主要包括设计说明书、建立 VHDL 行为模型、VHDL 行为仿真、VHDL.RTL 级建模、前端功能仿真、逻辑综合、测试向量生成、测试向量生成、功能仿真、结构综合、门级时序仿真、硬件测试等内容。

（1）提出设计说明书。就是用自然语言提出系统项目的功能特点和技术参数等。

（2）建立 VHDL 行为模型。就是将设计说明书转化为 VHDL 行为模型。在这个过程中可以使用 VHDL 的所有语句而不必考虑其可综合性。这一建模行为的目标是通过 VHDL 仿真器对整个系统进行系统行为仿真和性能评估。

（3）VHDL 行为仿真。这一阶段可以利用 VHDL 仿真器对顶层系统的行为模型进行仿真测试，检查模拟结果，继而进行修改和完善。这一过程与最终实现的硬件无关。

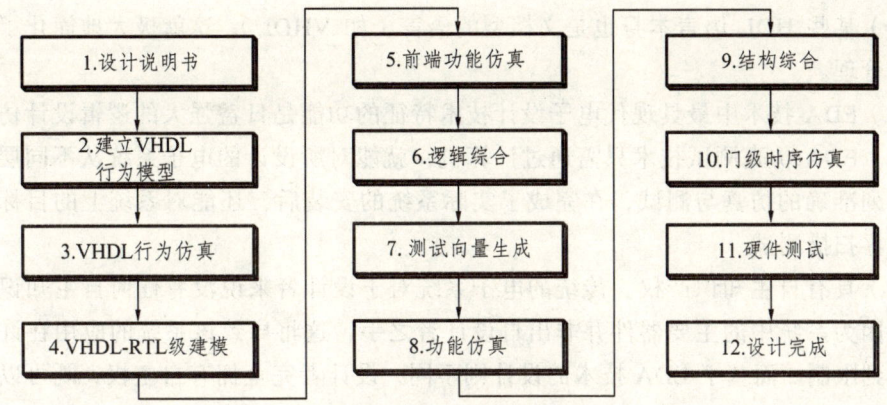

图 1.5 自顶向下的设计流程

(4) VHDL.RTL 级建模。VHDL 语法中所有语句都可以进行仿真，但只有一部分可以综合成门级网表，因此在这一阶段，必须将行为模型转化为可综合的 VHDL.RTL 级模型。

(5) 前端功能仿真。对 VHDL.RTL 级模型进行仿真，称为功能仿真。尽管 VHDL.RTL 级模型是可综合的，但对它的功能仿真仍然与硬件无关，仿真的目的是检验可综合模型的逻辑功能是否正确。

(6) 逻辑综合。使用逻辑综合工具将 VHDL.RTL 级描述转化为结构化的门级描述。在 ASIC 设计中，门级电路可以 ASIC 由库中的基本单元组成。

(7) 测试向量生成。这一阶段主要是针对 ASIC 设计的。FPGA 设计的时序测试文件主要产生于适配器。对 ASIC 的测试向量文件是综合器结合含有版图硬件特性的工艺库后产生的，用于对 ASIC 的功能测试。

(8) 功能仿真。利用获得的测试向量对 ASIC 的设计系统和子系统的功能进行仿真。

(9) 结构综合。主要是将逻辑综合的网表文件，结合具体的目标硬件环境进行标准单元调用、布局、布线和满足约束条件的结构优化配置。

(10) 门级时序仿真。在结构综合后再利用 VHDL 仿真器进行仿真（结构综合后能同步生成 VHDL 格式的时序仿真文件），称为门级时序仿真。由于已经将目标硬件的特性结合进去，从而能够了解更接近硬件目标器件工作的功能时序。

(11) 硬件测试。这是对最后完成的硬件系统（ASIC 或 FPGA）进行检查和测试。

1.6 EDA 技术的优势

(1) 采用硬件描述语言作为输入。硬件描述语言可以对系统进行不同层次的描述，如行为描述、结构描述等，从而可以在设计的各个阶段、各个层次进行仿真验证，缩短设计周期。

(2) 库的支持。EDA 工具之所以能够顺利完成各种设计过程，关键是有各类库的支持。如仿真库、综合库、版图库、测试库等。

（3）某些 HDL 语言本身也是文档型的语言（如 VHDL），这就极大地简化了设计文档的管理。

（4）EDA 技术中最具现代电子设计技术特征的功能是日益强大的逻辑设计仿真测试技术。EDA 仿真测试技术只需通过计算机，就能对所设计的电子系统从不同层次完成一系列准确的仿真与测试，在完成了实际系统的安装后，还能对系统上的目标器件进行边界扫描测试。

（5）具有自主知识产权。传统的电子系统对于设计者来说没有任何自主知识产权可言，因为系统中的主要器件并非出自设计者之手，这将导致该系统的应用在许多情况下受到限制。而基于 EDA 技术的设计则不同，设计者完全拥有自主权，既可以用通用的 FPGA/CPLD 实现，也可以直接以 ASIC 实现。

（6）开发技术的标准化、规范化以及 IP 核的可重用性。EDA 技术的设计语言是标准化的，开发工具是规范化的，设计成果是通用性的，这些为系统开发提供了可靠的保证。

（7）从电子设计方法学来看，EDA 技术最大的优势就是能将所有设计环节纳入统一的自顶向下的设计方案中。

（8）全方位的利用计算机自动设计、仿真和测试技术。EDA 不但在整个设计流程上充分利用计算机的自动设计能力、在各个设计层次上利用计算机完成不同内容的仿真模拟，而且在系统板设计结束后还可以利用计算机对硬件系统进行完整的测试。

1.7　EDA 的发展趋势

（1）超大规模集成电路的集成度和工艺水平不断提高，在一个芯片上完成系统级的集成已成为可能。

（2）可编程逻辑器件开始进入传统的 ASIC 市场。

（3）EDA 工具和 IP 核应用更为广泛。

（4）高性能的 EDA 工具得到长足的发展。

（5）计算机硬件平台性能大幅度提高，为复杂的 SoC 设计提供了物理基础。

习　题

1.1　EDA 技术与 ASIC 设计和 FPGA 开发有什么关系？

1.2　与软件描述语言相比，VHDL 有什么特点？

1.3　什么是综合？它有哪些类型？综合在电子设计自动化中的地位是什么？

1.4　在 EDA 技术中，自顶向下的设计方法的重要意义是什么？

1.5　IP 在 EDA 技术的应用和发展中的意义是什么？

情景 2　EDA 设计流程及其工具

2.1　EDA 设计流程

基于 EDA 软件的 FPGA（Field Programmable Gate Array），即现场可编程门阵列，它是在 PAL、GAL、CPLD 等可编程器件的基础上进一步发展的产物，其开发流程框图如图 2.1 所示。下面分别介绍各设计模块的功能特点。对于目前流行的用于 FPGA 开发的 EDA 软件包括 QuartusⅡ Simulink 等都适用。

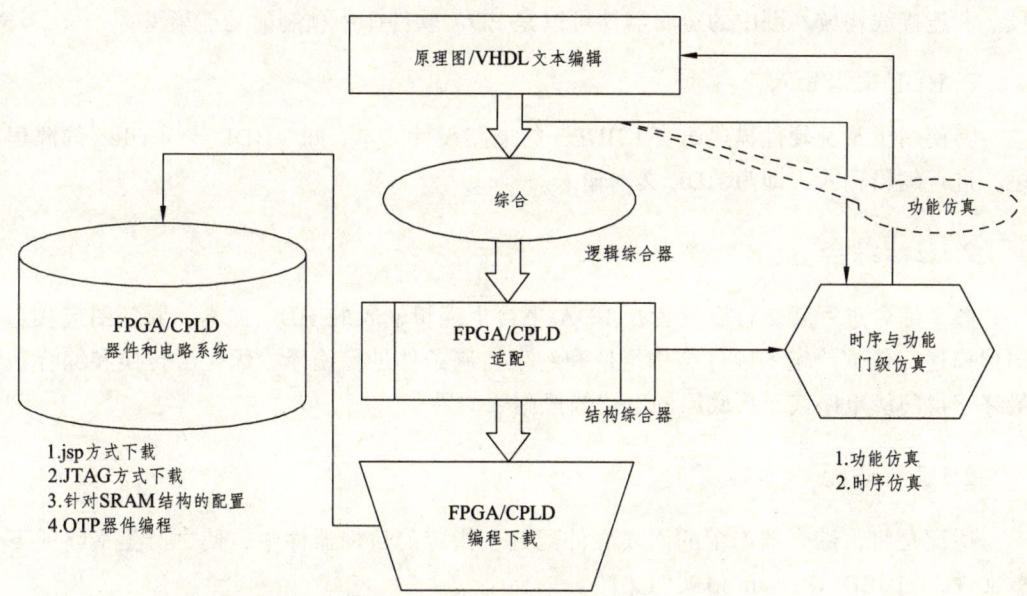

图 2.1　应用于 FPGA/CPLD 的 EDA 开发流程

将电路系统以一定的表达方式输入计算机，是在 EDA 软件平台上对 FPGA/CPLD 开发的最初步骤。

2.1.1　设计输入（原理图/HDL 文本编辑）

使用 EDA 工具的设计输入可分为两种类型：图形输入和 HDL 文本输入。

1. 图形输入

图形输入通常包括原理图输入、状态图输入和波形图输入等方法，如图 2.2 所示。

状态图输入方法就是根据电路的控制条件和不同的转换方式,用绘图的方法,在 EDA 工具的状态图编辑器上绘出状态图,然后由 EDA 编译器和综合器将此状态变化流程图形编译综合成电路网表。

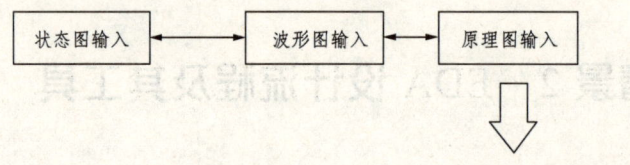

图 2.2 图形输入

波形图输入方法则是将待设计的电路看成一个黑盒子,只需告诉 EDA 工具该黑盒子电路的输入和输出时序波形图,EDA 工具即能据此完成黑盒子电路的设计。

原理图输入方法是一种类似于传统电子设计方法的原理图编辑输入方式,即在 EDA 软件的图形编辑界面上绘制能完成特定功能的电路原理图。原理图由逻辑器件(符号)和连接线构成,图中的逻辑器件可以是 EDA 软件库中预制的功能模型。

2. HDL 文本输入

将使用了某种硬件描述语言(HDL)的电路设计文本,如 VHDL 或 Verilog 的源程序,进行编辑输入,即为 HDL 文本输入。

2.1.2 综合

整个综合过程就是将设计者在 EDA 平台上编辑输入的 HDL 文本、原理图或状态图形描述,依据给定的硬件结构组件和约束控制条件进行编译、优化、转换和综合,最终获得门级电路甚至更底层的电路描述网表文件。

2.1.3 适配

适配是将由综合器产生的网表文件配置于指定的目标器件中,使之产生最终的下载文件,如 JEDEC、Jam 格式的文件。

2.1.4 仿真

仿真就是让计算机根据一定的算法和一定的仿真库对 EDA 设计进行模拟,以验证设计、排除错误。如图 2.3 所示是常见的两种仿真形式。

(1)时序仿真:仿真文件中已包含了器件硬件特性参数,仿真精度高。仿真文件必须来自针对具体器件的适配器。

(2)功能仿真:直接对 VHDL、原理图描述或其他描述形式的逻辑功能进行测试模拟,以了解实现的功能是否满足要求。仿真过程不涉及器件硬件特性,耗时短。

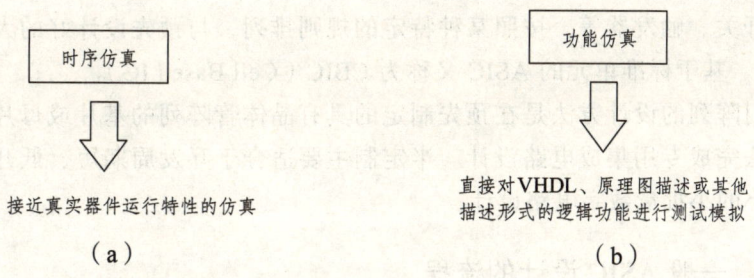

图 2.3 仿真

2.2 ASIC 及其设计流程

ASIC(Application Specific Integrated Circuits，专用集成电路)，在集成电路界 ASIC 被认为是一种为专门目的而设计的集成电路，是指为满足特定用户要求和特定电子系统的需要而设计、制造的集成电路。ASIC 的特点是面向特定用户的需求，ASIC 在批量生产时与通用集成电路相比，具有体积更小、功耗更低、可靠性提高、性能提高、保密性增强、成本降低等优点。

2.2.1 ASIC 设计方法

ASIC 实现方法分为全定制和半定制，如图 2.4 所示。全定制设计需要设计者完成所有电路的设计，因此需要大量人力物力，灵活性好但开发效率低下。如果设计较为理想，全定制能够比半定制的 ASIC 芯片运行速度更快。半定制使用库里的标准逻辑单元（Standard Cell），设计时可以从标准逻辑单元库中选择 SSI（门电路）、MSI（如加法器、比较器等）、数据通路（如 ALU、存储器、总线等）、存储器甚至系统级模块（如乘法器、微控制器等）和 IP 核，这些逻辑单元已经布局完毕，而且设计得较为可靠，设计者可以较方便地完成系统设计。现代 ASIC 常包含整个 32 bit 处理器，类似 ROM、RAM、EEPROM、Flash 的存储单元和其他模块。这样的 ASIC 常被称为 SoC(片上系统)。

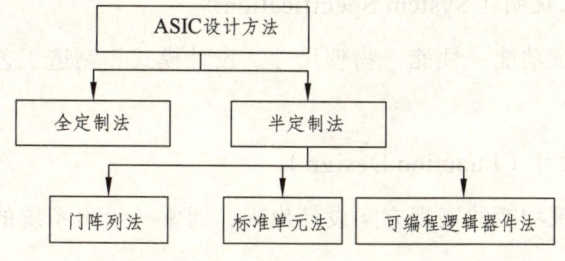

图 2.4 ASIC 实现方法

半定制设计方法又分成基于标准单元的设计方法和基于门阵列的设计方法。基于标准单元的设计方法是：将预先设计好的，被称为标准单元的逻辑单元，如与门、或门、多路开关、触发器等，按照某种特定的规则排列，与预先设计好的大型单元一起组成 ASIC。基于标准单元的 ASIC 又称为 CBIC（Cell Based IC）。

基于门阵列的设计方法是在预先制定的具有晶体管阵列的基片或母片上通过掩膜互连的方法完成专用集成电路设计。半定制主要适合于开发周期短、低开发成本、投资、风险小的小批量数字电路设计。

2.2.2　一般 ASIC 设计的流程

设计流程（见图 2.5）简要概括如下：

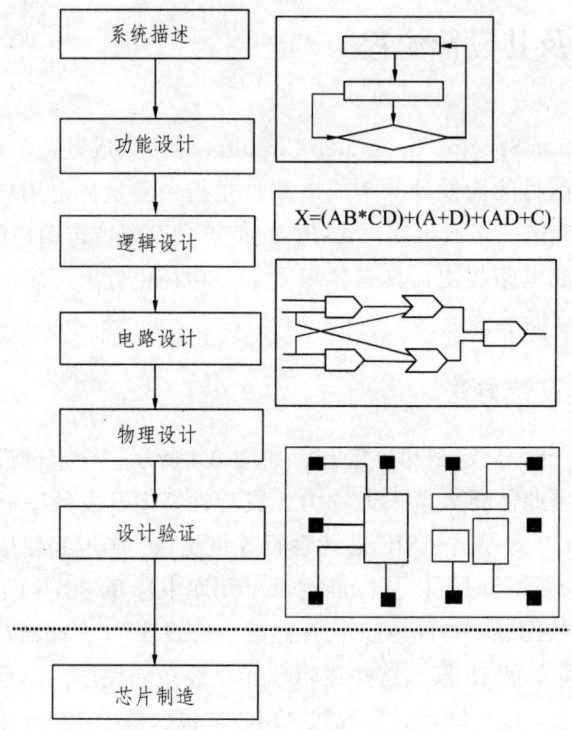

图 2.5　ASIC 设计流程

1. 系统规范化说明（System Specification）

该说明包括系统功能、性能、物理尺寸、设计模式、制造工艺、设计周期、设计费用等。

2. 系统功能设计（Function Design）

这一步是将系统功能的实现方案设计出来，通常是给出系统的时序图及各子模块之间的数据流程图。

3. 逻辑设计（Logic Design）

这一步是将系统功能结构化。通常以文本（VerilogHDL 或 VHDL）、原理图、逻辑图表示设计结果，有时也采用布尔表达式来表示设计结果。

4. 电路设计（Circuit Design）

电路设计是将逻辑设计表达式转换成电路实现。

5. 物理设计（Physical Design or Layout Design）

物理设计或称版图设计是 VLSI 设计中最费时的一步。它要将电路设计中的每一个元器件包括晶体管、电阻、电容、电感等以及它们之间的连线转换成集成电路制造所需要的版图信息。

6. 设计验证（Design Verification）

在版图设计完成以后，非常重要的一步工作就是版图验证。主要包括：设计规则检查（DRC）、版图的电路提取（NE）、电学规检查（ERC）和寄生参数提取（PE）等流程。

2.3 常用 EDA 工具

用 EDA 技术设计电路可以分为不同的技术环节，每一个环节中必须有对应的软件包或专用的 EDA 工具独立处理。EDA 工具大致可以分为设计输入编辑器、仿真器、HDL 综合器、适配器（或布局布线器）以及下载器 5 个模块。

2.3.1 设计输入编辑器

通常专业的 EDA 工具供应商或各可编程逻辑器件厂商都提供 EDA 开发工具，在这些 EDA 开发工具中都含有设计输入编辑器，如 Xilinx 公司的 Foundation、Altera 公司的 MAX+plusⅡ等。

一般的设计输入编辑器都支持图形输入和 HDL 文本输入。图形输入通常包括原理图输入、状态图输入和波形图输入三种常用方法。原理图输入方式沿用传统的数字系统设计方式，即根据设计电路的功能和控制条件，画出设计的原理图或状态图或波形图，然后在设计输入编辑器的支持下，将这些图形输入计算机中，生成图形文件。

2.3.2 HDL 综合器

硬件描述语言诞生的初衷是用于设计逻辑电路的建模和仿真，但直到 Synoposys 公司推出了 HDL 综合器后，HDL 才可以直接用于电路设计。

HDL 综合器是一种用 EDA 技术实施电路设计完成电路化简、算法优化、硬件结构细化的计算机软件，是将硬件描述语言转化为硬件电路的重要工具。HDL 综合器在把可综合的 HDL（Verilog 或 VHDL）转化为硬件电路时，一般要经过两个步骤：第一步是利用 HDL 综合器对 Verilog 或 VHDL 进行处理分析，并将其转换成电路结构或模块，这时是不考虑实际器件的，即完全与硬件无关，这个过程是一个通用电路原理图形成的过程；第二步是对实际实现目标器件的结构进行优化，并使之满足各种约束条件、优化关键路径等。

HDL 综合器的输出文件一般是网表文件，是一种用于电路设计数据交换和交流的工业标准化格式的文件，或是直接用硬件描述语言 HDL 表达的标准格式的网表文件，或是对应 FPGA/CPLD 器件厂商的网表文件。

HDL 综合器是 EDA 设计流程中的一个独立的设计步骤，它往往被其他 EDA 环节调用，以完成整个设计流程。

电路网表（逻辑图）由元件名 N、模型 M、输入端信号 PI、输出端信号 PO 四部分组成，是唯一确定电路连接关系的数据结构，即：E=（N, M, PI, PO）。

2.3.3 仿真器

在 EDA 技术中仿真的地位非常重要，行为模型的表达、电子系统的建模、逻辑电路的验证以及门级系统的测试，每一步都离不开仿真器的模拟检测。在 EDA 发展的初期，快速地进行电路逻辑仿真是当时的核心问题，即使在现在，各个环节的仿真仍然是整个 EDA 设计流程中最重要、最耗时的一个步骤。因此，仿真器的仿真速度、仿真的准确性和易用性成为衡量仿真器的重要指标。

几乎每个 EDA 厂商都提供基于 Verilog/VHDL 的仿真器。常用的仿真器有 Model Technology 公司的 Modelsim，Cadence 公司的 Verilog.XL 和 NC.Sim，Aldec 公司的 Active HDL，Synopsys 公司的 VCS 等。

2.3.4 适配器

适配器也称结构综合器，功能是将由综合器产生的网表文件配置于指定的目标器件中，使之产生最终的下载文件。

EDA 软件中的综合器可由第三方 EDA 公司提供，而适配器则需由 FPGA/CPLD 供应商提供。

适配器就是将综合后的网表文件针对某一具体的目标器件进行逻辑映射操作。

2.3.5 下载器

把适配后生成的下载或配置文件，通过编程器或编程电缆向 FPGA 或 CPLD 进行下载，以便进行硬件调试和验证。

2.4 QuartusⅡ简介

QuartusⅡ可编程逻辑开发软件是 Altera 公司为其 FPGA/CPLD 芯片设计的集成化专用开发工具，是 Altera 最新一代功能更强的集成 EDA 开发软件。使用 QuartusⅡ可完成从设计输入、综合适配、仿真到下载的整个设计过程。

Max+plusⅡ是Altera公司早期的开发工具，曾经是最优秀的PLD开发平台之一，现在正在逐步被QuartusⅡ代替。并且Max+plusⅡ已经不再支持Altera公司的新器件，同时，QuartusH也放弃了对少数较老器件的支持。QuartusⅡ界面友好，而且具有MAX+PLUSⅡ界面选项，这样MAX的老用户就无须学习新的用户界面就能够充分享用QuartusⅡ软件的优异性能。所以，无论是初学者，还是Max+plusⅡ的老用户，对于QuartusⅡ软件都能较快上手。

QuartusⅡ根据设计者需求提供了一个完整的多平台开发环境，它包含整个FPGA和CPLD设计阶段的解决方案。QuartusⅡ软件提供的完整、操作简易的图形用户界面可以完成整个设计流程中的各个阶段。QuartusⅡ集成环境包括以下内容：系统级设计、嵌入式软件开发、可编程逻辑器件（PLD）设计、综合、布局和布线、验证和仿真。

QuartusⅡ软件也可以直接调用Synplify Pro，LeonardoS~ctmm以及ModelSim等第三方EDA工具来完成设计任务的综合与仿真。QuartusⅡ与MATLAB和DSPBuilder结合可以进行基于FPGA的DSP系统开发，方便且快捷，还可以与SOPCBuilder结合，实现SOPC系统的开发。

QuanusⅡ设计的主要流程有：创建工程、设计输入、编译、仿真验证、下载，其进行数字电路设计的一般流程如图2.6所示。

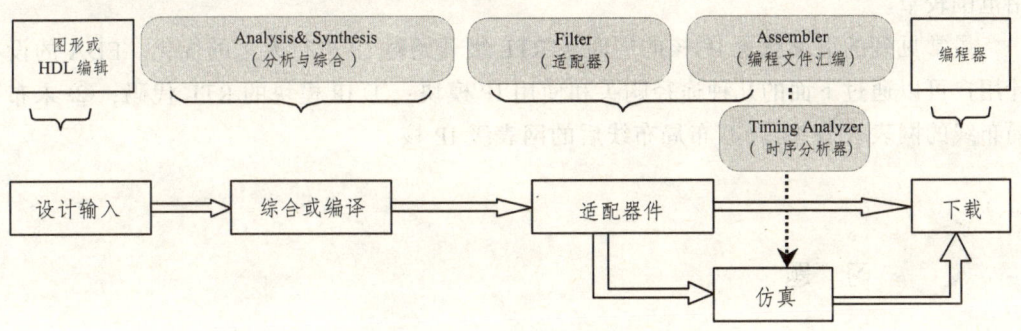

图2.6 QuartusⅡ设计流程

2.5 IP核概念介绍

IP（Intelligent Property）核是具有知识产权核的集成电路芯核总称，是经过反复验证过的、具有特定功能的宏模块，与芯片制造工艺无关，可以移植到不同的半导体工艺中。

到了SOC阶段，IP核设计已成为ASIC电路设计公司和FPGA提供商的重要任务，也是其实力体现。对于FPGA开发软件，其提供的IP核越丰富，用户的设计就越方便，其市场占用率就越高。目前，IP核已经变成系统设计的基本单元，并作为独立设计成果被交换、转让和销售。

从 IP 核的提供方式上，通常将其分为软核、硬核和固核这 3 类。从完成 IP 核所花费的成本来讲，硬核代价最大；从使用灵活性来讲，软核的可复用使用性最高。

软核在 EDA 设计领域指的是综合之前的寄存器传输级（RTL）模型，具体在 FPGA 设计中指的是对电路的硬件语言描述，包括逻辑描述、网表和帮助文档等。软核只经过功能仿真，需要经过综合以及布局布线才能使用。其优点是灵活性高、可移植性强，允许用户自配置；缺点是对模块的预测性较低，在后续设计中存在发生错误的可能性，有一定的设计风险。软核是 IP 核应用最广泛的形式。

固核在 EDA 设计领域指的是带有平面规划信息的网表，具体在 FPGA 设计中可以看作带有布局规划的软核，通常以 RTL 代码和对应具体工艺网表的混合形式提供。将 RTL 描述结合具体标准单元库进行综合优化设计，形成门级网表，再通过布局布线工具即可使用。和软核相比，固核的设计灵活性稍差，但在可靠性上有较大提高。目前，固核也是 IP 核的主流形式之一。

硬核在 EDA 设计领域指经过验证的设计版图；具体在 FPGA 设计中指布局和工艺固定、经过前端和后端验证的设计，设计人员不能对其修改。不能修改的原因有两个：① 首先是系统设计对各个模块的时序要求很严格，不允许打乱已有的物理版图；② 其次是保护知识产权的要求，不允许设计人员对其有任何改动。

IP 硬核的不许修改特点使其复用有一定的困难，因此只能用于某些特定应用，使用范围较窄。

最常见到的情况就是 IP 核的厂商从 RTL 级开始对 IP 进行人工的优化。EDA 的设计用户可以通过下面的几种途径购买和使用 IP 模块：① IP 模块的 RTL 代码；② 未布局布线的网表级 IP 核；③ 布局布线后的网表级 IP 核。

 习 题

2.1 叙述 EDA 的 FPGA/CPLD 设计流程。

2.2 IP 是什么？IP 与 EDA 技术的关系是什么？

2.3 叙述 ASIC 的设计方法。

2.4 FPGA/CPLD 在 ASIC 设计中有什么用处？

2.5 简述在基于 FPGA/CPLD 的 EDA 设计流程中所涉及的 EDA 工具，及其在整个流程中的作用。

情景 3　FPGA/CPLD 结构与应用

3.1　概述

PLD（Programmable Logic Device），可编程逻辑器件，是一种数字集成电路的半成品，在其芯片上按一定排列方式集成了大量的门和触发器等基本逻辑元件，使用者可利用某种开发工具对其进行加工，即按设计要求将片内元件连接起来（编程）。基本 PLD 器件的原理结构图如图 3.1 所示。

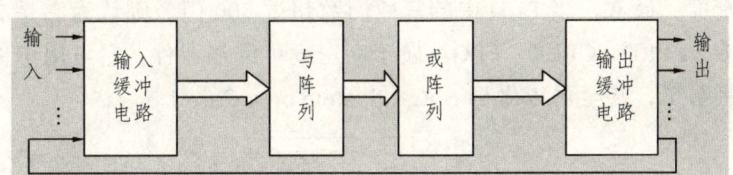

图 3.1　基本 PLD 器件的原理结构图

1. 数字电路分类

组合电路：与时间无关，输出是输入的函数。

时序电路：与时间有关，输出与输入、输出的前一状态有关。

2. 组合电路剖析

由基本门构成：与、或、非、异或门等；可由单一基本门构成；可化为"与、或"表达式。

3. 时序电路剖析

由组合电路和触发器构成的可编程电路结构。

3.1.1　可编程逻辑器件的发展历程

20 世纪 70 年代初，出现了 PROM、EPROM、EEPROM 和可编程阵列逻辑 PLA（Programmable Logic Array）。到 20 世纪 70 年代末，出现了可编程阵列逻辑 PAL（Programmable Array Logic）——统称为第一代 PLD 器件。

20 世纪 80 年代初，Lattice 公司推出了一种新型的 PLD 器件：通用阵列逻辑 GAL（Generic Array Logic）——第二代 PLD 器件。

20 世纪 80 年代中期，Altera 和 Xilinx 公司分别推出世界上第一款可擦除的可编程逻辑器件 EPLD（Erasable Programmable Logic Device）和现场可编程门阵列 FPGA。

20 世纪 80 年代末 Lattice 公司提出了在线可编程技术 ISP（In System Programmability）（ISP 技术即直接在用户设计的目标系统中或线路板上对 PLD 器件进行编程的技术，设计者可以在不修改系统硬件设计的条件下重构系统的功能，从而使硬件修改变得像软件修改一样方便，系统的可靠性因此而提高），在 EPLD 基础上，Altera 于 20 世纪 90 年代初推出了世界上第一款 CPLD。上述的 EPLD、CPLD、FPGA 为第三代 PLD 器件。

3.1.2 可编程逻辑器件的分类

1. 按集成度分类

PLD 按集成度分类如图 3.2 所示。

（1）低密度：通常，当 PLD 中的等效门数不超过 500 门，则认为它是低密度 PLD。按照这个标准，PROM、EPROM、EEPROM、PAL、PLA、GAL 都属于低密度可编程逻辑器件。它只能完成较小规模的逻辑电路。

（2）高密度：通常，当 PLD 中的等效门数超过 500 门，则认为它是高密度 PLD。按照这个标准，EPLD、CPLD、FPGA 属于高密度可编程器件。它可用于设计大规模集成度高的数字系统，甚至可以做到 SoC（System on a Chip）。

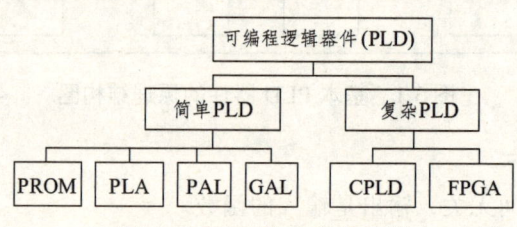

图 3.2　PLD 按集成度分类

2. 按编程工艺分类

（1）熔丝或反熔丝编程器件——Actel 的 FPGA 器件。

该器件具有体积小、集成度高、速度高、易加密、抗干扰、耐高温等优点，只能一次编程，在设计初期阶段不灵活。

（2）SRAM——大多数公司的 FPGA 器件可反复编程，实现系统功能的动态重构。每次上电需重新下载，实际应用时需外挂 EEPROM 用于保存程序。

（3）EEPROM（E^2PROM）——大多数 CPLD 器件可反复编程，不需要每次上电重新下载，但相对速度慢，功耗较大。

3.2　简单可编程逻辑器件原理

3.2.1　电路符号表示

常用逻辑门符号与现有国标符号的对照图如图 3.3 所示。

PLD 中常见运算的表示方法如图 3.4~3.7 所示，以图 3.7 或运算为例，竖线：表示或门的多输入端；横线：表示提供参加"或"运算的量；交叉处：表示可编程点。A、B、C、D 表示信号输入，F 表示输出。

可编程点：横线与竖线交叉处，如图 3.8 所示。如果希望某逻辑量参加运算，则标上"×"；如果不让该逻辑量参加运算，则不加任何标记，如果器件制造时已被固定让对应的逻辑量参加运算，则标有实心点"·"，用户不能对这样的点编程。

	非门	与门	或门	异或门
常用符号	A —▷∘— $\bar{A}$	A,B —D— F	A,B —D— F	A,B —D— F
国际符号	A —[1]— $\bar{A}$	A,B —[&]— F	A,B —[≥1]— F	A,B —[=1]— F
逻辑表达式	$\bar{A}$ = NOT A	$F = A \cdot B$	$F = A + B$	$F = A \oplus B$

图 3.3　常用逻辑门符号与现有国标符号的对照图

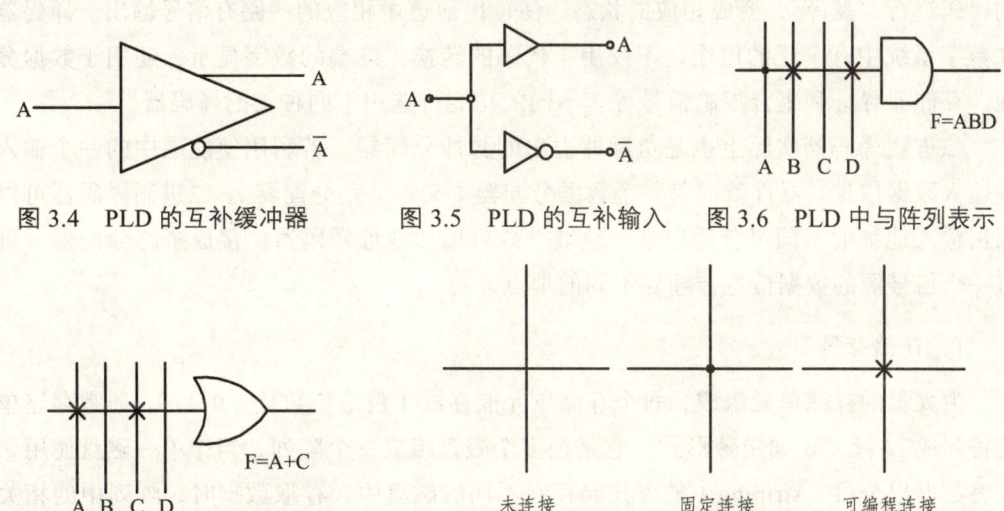

图 3.4　PLD 的互补缓冲器　　图 3.5　PLD 的互补输入　　图 3.6　PLD 中与阵列表示

图 3.7　PLD 中或阵列的表示　　　　图 3.8　阵列线连接表示

3.2.2　PROM 基本结构

PROM（Programmable Read Only Memory，可编程只读存储器）基本结构其实就是由与（AND）阵列函数驱动可编程的或（OR）阵列函数。其基本结构如图 3.9 所示。PROM 最初是作为计算机存储器设计和使用的，它具有 PLD 器件的功能是后来才发现的。根据其物理结构和制造工艺的不同，PROM 可分为三类：固定掩膜式 PROM、双极型 PROM、MOS 型 PROM。

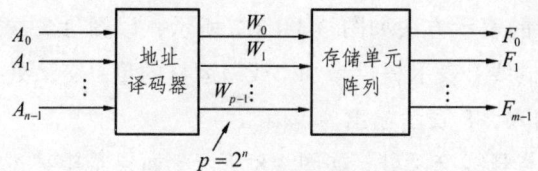

图 3.9 PROM 基本结构

1. 地址译码器

地址译码器，完成 PROM 存储阵列的行的选择，由与门组成。
其字线的逻辑函数如下：

$$W_0 = \overline{A_{n-1}} \cdots \overline{A_1}\, \overline{A_0}$$

$$W_1 = \overline{A_{n-1}} \cdots \overline{A_1}\, \overline{A_0}$$

……

$$W_{2^{n-1}} = \overline{A_{n-1}} \cdots \overline{A_1}\, \overline{A_0}$$

译码器原理：译码器是一个多输入、多输出的组合逻辑电路。它的作用是把给定的代码进行"翻译"，变成相应的状态，使输出通道中相应的一路有信号输出。译码器在数字系统中有广泛的用途，不仅用于代码的转换、终端的数字显示，还用于数据分配、存储器寻址和组合控制信号等。不同的功能可选用不同种类的译码器。

二进制译码器实际上也是负脉冲输出的脉冲分配器。若利用使能端中的一个输入端输入数据信息，器件就成为一个数据分配器（又称又路分配器）。二进制译码器可以根据输入地址的不同组合译出唯一地址，故可用作地址译码器。接成多路分配器，可将一个信号源的数据信息传输到不同的地点。

2. 存储矩阵

由大量的存储单元组成，每个存储单元能存放 1 位二值数据（0，1）。通常存储单元排列成 N 行 $\times M$ 列矩阵形式。它是把多个磁盘组成一个阵列，当作单一磁盘使用，它将数据以分段（striping）的方式储存在不同的磁盘中，存取数据时，阵列中的相关磁盘一起动作，大幅减低数据的存取时间，同时有更佳的空间利用率。磁盘阵列所利用的不同的技术，称为 RAID level。不同的 level 针对不同的系统及应用，以解决数据安全的问题。

逻辑函数表示：

$F_0 = M_{p-1,0}W_{p-1} + \cdots + M_{1,0}\,W_1 + M_{0,0}\,W_0$

$F_1 = M_{p-1,1}\,W_{p-1} + \cdots + M_{1,1}W_1 + M_{0,1}\,W_0$

……

$F_{m-1} = M_{p-1,m-1}W_{p-1} + \cdots + M_{1,m-1}W_1 + M_{0,m-1}W_0$

其中：$p = 2n$。

$M_{p.1,m.1}$ 是存储单元阵列第 $m.1$ 列 $p.1$ 行单元的值。

对熔丝工艺,熔丝断相当于 $M_{p.1,m.1}=0$;熔丝通常相当于 $M_{p.1,m.1}=1$ 是一个可编程或阵列,如图 3.10 所示。

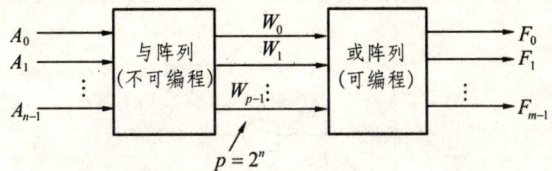

图 3.10 PROM 的逻辑阵列结构

早期有人用 ROM 做数字电路,以 4×2PROM 为例,说明可将 PROM 当 PLD 使用,如图 3.11 所示。

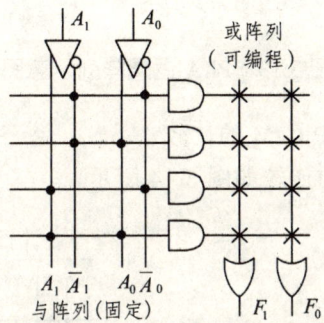

图 3.11 PROM 表达的 PLD 阵列图

可编程逻辑阵列,由一个"与"平面和一个"或"平面构成,两个平面均可编程。

PROM 只能用于组合电路,输入变量的增加会引起存储容量的增加,且按 2 的幂次方增加。主要原因是用于全译码。

例 2.1 构造半加器。

0+0=0　　0+1=1　　1+0=1　　1+1=10

$S=A_0 \oplus A_1 = A_0\overline{A_1}+\overline{A_0}A_1$　　　$C=A_0 \cdot A_1$

用 PROM 完成半加器逻辑阵列,如图 3.12 所示。

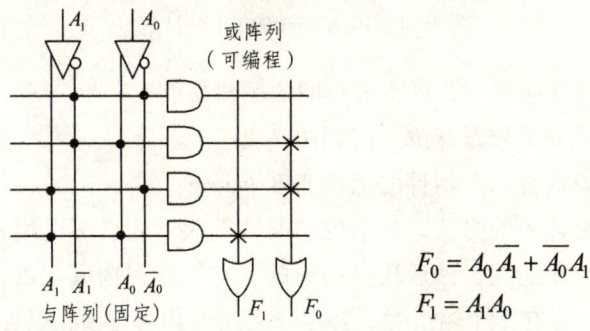

$F_0 = A_0\overline{A_1} + \overline{A_0}A_1$
$F_1 = A_1A_0$

图 3.12 用 PROM 完成半加器逻辑阵列

3.2.3 PLA 逻辑阵列

PLA 是一种"与-或"阵列结构的 PLD 器件，因而不管多么复杂的逻辑设计问题，只要能化为"与-或"两种逻辑函数，就都可以用 PLA 实现。其结构如图 3.13 所示。

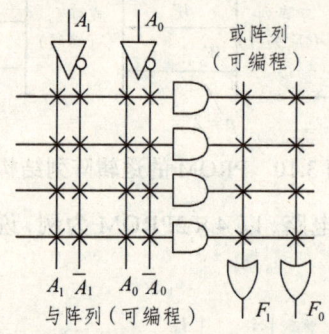

图 3.13 PLA 逻辑阵列示意图

例 2.2　6×3PLA 与 8×3PROM 的比较。

6×3PLA 与 8×3PROM 的比较如图 3.14 所示。

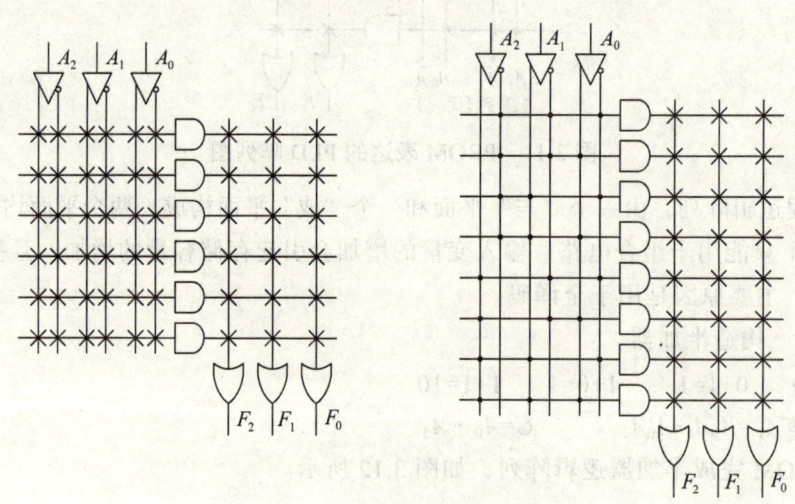

图 3.14 PLA 与 PROM 的比较

两者在大部分实际应用中，可实现相同的逻辑功能。

PLA 的优点：乘积项数量减少，门利用率高。

PLA 的缺点：算法复杂，器件的运行速度下降。

与阵列不采用全译码的方式，标准的"与或"表达式已不适用，需要把逻辑函数化成最简的"与或"表达式，然后用可编程的"与"阵列构成与项，用可编程的或阵列构成与项或运算。在有多个输出时，要尽量利用公共的与项，以提高阵列的利用率。

PLA 的应用：全定制 ASIC 设计，手工化简。

3.2.4 PAL 的基本结构

PAL 器件的基本结构是"与"阵列可编程而"或"阵列固定，如图 3.15 所示。基本的 PAL 器件内部只有"与"阵列和"或"阵列，如图 3.16 所示。多数 PAL 器件内部除了"与"阵列和"或"阵列以外，还有拖出和反馈电路。根据输出和反馈的结构不同，PAL 器件又分若干种，例如：可编程输入/输出结构、带反馈的寄存器型结构和异或结构等。

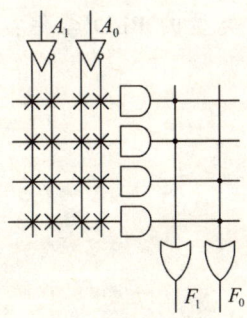
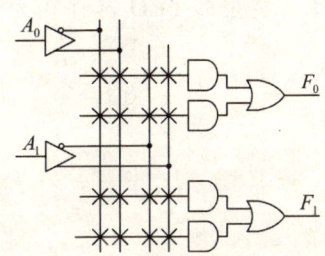

图 3.15 PAL 结构　　　　　图 3.16 PAL 的常用表示

对于多个乘积项，PAL 通过输出反馈和互连的方式解决，即允许输出端的信号再馈入下一个"与"阵列。

时序电路的实现：时序电路由组合电路及存储单元构成（锁存器、触发器、RAM），组合电路部分的可编程问题已解决，只要加上锁存器、触发器即可。

缺点：（1）为适应不同应用需要，PAL 的输出 I/O 结构很多，应用设计者在设计不同功能的电路时，要采用不同输出 I/O 结构的 PAL 器件，带来使用、生产的不便。

（2）PAL 一般采用熔丝工艺生产，一次可编程，修改不方便，已经被 GAL 取代。

3.2.5 GAL

1985 年，Lattice 提出乘积项逻辑（GAL，General Array Logic Device），最多有 8 个或项，每个或项最多有 32 个与项。

GAL 的主要特点：

（1）采用 EEPROM 工艺，具有电可擦除重复编程的特点。

（2）在"与-或"阵列结构上沿用了 PAL 的与阵列可编程、或阵列固定的结构。

（3）输出结构有较大改进，增加了输出逻辑宏单元 OLMC（Output Logic Macro Cell）。

 习　题

3.1　OLMC 有何功能？说明 GAL 是怎样实现可编程组合电路与时序电路的。

3.2 什么是基于乘积项的可编程逻辑结构?

3.3 什么是基于查找表的可编程逻辑结构?

3.4 FPGA 系列器件中的 EAB 有何作用?

3.5 与传统的测试技术相比,边界扫描技术有何优点?

3.6 分别解释编程与配置这两个概念。

3.7 请参阅相关资料,并回答问题:如本章给出的归类方式,将基于乘积项的可编程逻辑结构的 PLD 器件归类为 CPLD;将基于查找表的可编程逻辑结构的 PLD 器件归类为 FPGA,那么,APEX 系列属于什么类型的 PLD 器件?MAXⅡ系列又属于什么类型的 PLD 器件?为什么?

情景 4 VHDL 设计初步

VHDL（Very High Speed Integrated Circuit Hardware Description Language），意为超高速集成电路硬件描述语言。20 世纪 70—80 年代由美国国防部组织研制开发，1985 年完成第一版，1987 年成为 IEEE Std1076.1987。美国国防部规定所有官方的 ASIC 设计都必须用 VHDL 为设计描述语言，此后渐渐成为工业标准，为大家接受。1993 年修改成 IEEE Std1164.1993。1995 年，中国国家技术监督局组织编撰并出版《CAD 通用技术规范》，推荐 VHDL 语言作为我国电子设计自动化硬件描述语言的国家标准。

4.1 多路选择器的 VHDL 描述

4.1.1 2 选 1 多路选择器的 VHDL 描述

设计电路的接口描述如图 4.1 所示。其中 a，b 是输入信号，s 是通道选择信号，y 是输出信号。

当 s=0 时，y=a；当 s=1 时，y=b。

由功能要求推出其逻辑结构如图 4.2 所示。

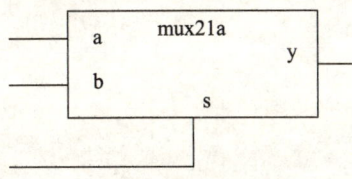

图 4.1 mux21a 实体

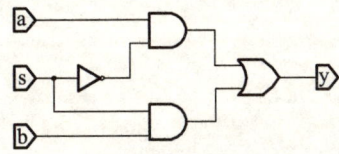

图 4.2 mux21a 结构体

2 选 1 多路选择器的 VHDL 描述如下：

第一种描述：

```
ENTITY mux21a IS
   PORT( a, b : IN   BIT;
              s : IN   BIT;
              y : OUT BIT   );
END ENTITY mux21a;
ARCHITECTURE one OF mux21a IS
   BEGIN
     y <= a   WHEN   s = '0'   ELSE   b   ;
END ARCHITECTURE one ;
```

第二种描述：

```
ENTITY mux21a IS
   PORT ( a, b : IN   BIT;
              s : IN   BIT;
              y : OUT BIT   );
   END ENTITY mux21a;
ARCHITECTURE one OF mux21a IS
       SIGNAL d,e :   BIT;
   BEGIN
d <= a AND (NOT S) ;
e <= b AND s ;
y <= d OR e   ;
     END ARCHITECTURE one ;
```

第三种描述：

```
ENTITY mux21a IS
   PORT ( a, b, s: IN   BIT;
              y : OUT BIT   );
END ENTITY mux21a;
ARCHITECTURE one OF mux21a IS
 BEGIN
    PROCESS (a,b,s)
BEGIN
     IF s = '0'   THEN
```

```
            y <= a ; ELSE
y <= b ;
END IF;
   END PROCESS;
END ARCHITECTURE one ;
```

仿真结果如图 4.3 所示。

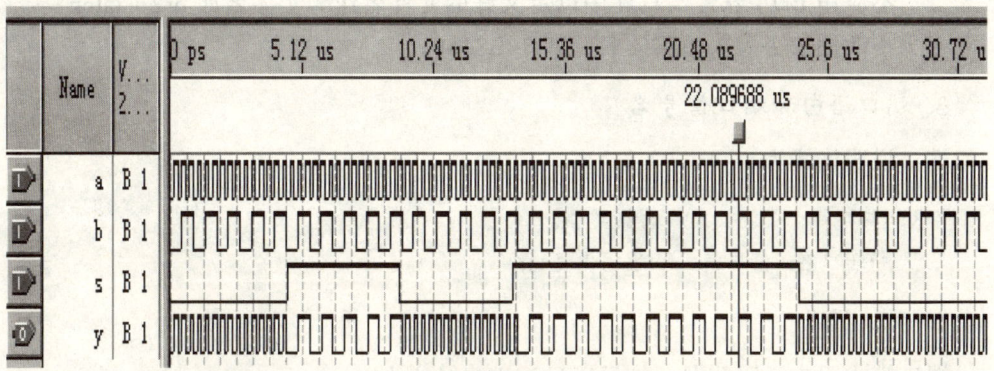

图 4.3　mux21a 功能时序波形

4.1.2　相关语句结构和语法说明

1. 实体表达

ENTITY（实体）是 VHDL 设计中最基本的组成部分之一，它类似于原理图中的一个部件符号，它并不描述设计的具体功能，只定义了该设计所需的全部输入/输出信号。实体的格式如下：

```
ENTITY   e_name   IS
PORT ( p_name :   port_m    data_type;
          --.
          p_namei : port_mi    data_type );
END ENTITY e_name;
```

实体说明单元的一般语句结构：

```
ENTITY   实体名   IS
[GENERIC ( 参数名:数据类型 );]
[PORT ( 端口表 );]
    END   ENTITY  实体名;
参数传递说明语句
参数传递说明语句的一般书写格式如下：
```

```
GENERIC([ 常数名 : 数据类型 [ :=设定值 ]
{;常数名 : 数据类型 [ :=设定值 ] }   );
```

2. 实体名

实体名实际上是器件名，最好用相应功能来确定，如 counter4b，adder8b。

注意：

（1）不应用数字或中文定义实体名。

（2）不应用 EDA 软件工具库中以定义好的元件名作为实体名如 or2、latch 等。

（3）不能用数字起头的实体名，如 74LS160。

3. 端口语句和端口信号名

端口说明格式为：

```
PORT (端口名: 端口模式  数据类型;
     {端口名: 端口模式  数据类型});
```

4. 端口模式

端口模式用来说明数据、信号通过该端口的方向。

（1）IN：输入端口，定义的通道为单向只读模式，信号进入实体。

（2）OUT：输出端口，定义的通道为单向输出模式，信号离开实体，不能在内部反馈使用。

（3）INOUT：定义的通道确定为输入输出双向端口，信号是双向的，既可进入也可离开实体。

（4）BUFFER：缓冲端口，其功能与 INOUT 类似，信号输出到实体外部，但同时也可在实体内部反馈，允许内部引用该端口的信号。

5. 数据类型

在 VHDL 的设计中，必须预先定义好要使用的类型。

VHDL 规定：

任何一种数据对象的应用必须严格限定其取值范围和数据类型，即对其传输或存储的数据的类型要做明确的限定。

BIT 数据类型的信号规定的取值范围是逻辑为"1"和"0"。

6. 结构体表达

结构体主要功能是：① 对数据类型、常数、信号、子程序和元件等元素的说明部分；② 描述实体逻辑行为的、以各种不同的描述风格表达的功能描述语句；③ 以元件例化语句为特征的外部元件（设计实体）端口间的连接。

描述器件内部逻辑功能或电路结构。结构体的格式如下：

```
ARCHITECTURE  arch_name  OF  e_name  IS
[说明语句]内部信号、常数、元件、数据类型、函数等的定义
BEGIN
(功能描述语句)并行语句或顺序语句或它们的混合。
END ARCHITECTURE    arch_name;
```
说明语句:说明功能描述中用到的--.信号(SIGNAL)、数据类型(TYPE)、常数(CONSTANT)、元件(COMPONENT)、函数(FUNCTION)、过程(PROCEDURE)。

7. 赋值符号和数据比较符号

赋值符"<=":信号(或端口)赋值,两边的信号数据类型必须一致。赋值过程存在延迟,即线路存在的固有延迟量。

数据比较符号"=":没有赋值的含义,只是一种数据等值比较符号,比较结果为布尔型。

8. 逻辑操作符

逻辑操作符所要求的数据类型包括:BIT、BOOLEAN、STD_LOGIC。有七种基本的逻辑操作符:与 AND、或 OR、非 NOT、与非 NAND、或非 NOR、异或 XOR、同或 XNOR。

9. 条件语句

条件语句 1:IF a THEN--.END IF。a 的数据类型必须是 boolean,当 a 的值为 ture(等价 1)时,执行 THEN 后的语句,否则跳过条件语句。例如:
　　IF(s1='0')AND(s2='1') THEN … END IF
条件语句 2:IF…THEN…ELSE…END IF。IF 语句必须以语句"END IF;"结束。

10. WHEN_ELSE 条件信号赋值语句

条件信号赋值语句 WHEN_ELSE:属于并行语句,可直接用于结构体中。赋值过程具有顺序性,当有多个赋值条件同时满足时,仅最高优先级的表达式获得执行。格式如下:

```
赋值目标<= 表达式 WHEN 赋值条件 ELSE
           表达式 WHEN 赋值条件 ELSE--.
           表达式 ;
例如:z <= a WHEN p1 = '1' ELSE
        b WHEN p2 = '1' ELSE c ;
```

11. 进程语句

进程语句属于并行语句,用于包装所有合法的顺序语句,一个进程语句相当于一个独立的电路单元,整体上作为一个并行语句使用。一个结构体中可包含任意多个进

程语句。

进程的关键字：PROCESS，END PROCESS

进程的敏感信号列表：用于进程的启动，当列表中的信号发生变化时，进程被启动执行一次。通常要求将进程中的所有输入信号都放在敏感信号列表中。

12. 过程

```
PROCEDURE 过程名（参数表）      -- 过程首
PROCEDURE 过程名（参数表） IS
```

[说明部分]

```
BIGIN       -- 过程体
顺序语句；
END PROCEDURE 过程名；
PROCEDURE pro1  （VARIABLE  a,b： INOUT REAL）；
PROCEDURE pro2  （CONSTANT  a1： IN INTEGER；
VARIABLE  b1： OUT INTEGER ）；
PROCEDURE pro3  （SIGNAL sig： INOUT BIT）；
```

例 4.1 过程应用举例。

```
PROCEDURE  prg1（VARIABLE value:INOUT BIT_VECTOR（0 TO 7）） IS
   BEGIN
      CASE value IS
         WHEN "0000" => value: "0101"；
         WHEN "0101" => value: "0000"；
         WHEN OTHERS => value: "1111"；
         END CASE；
            END PROCEDURE  prg1；
```

13. 文件取名和存盘

将编写的 VHDL 程序存盘时，要为存盘文件命名。原则上文件名不分大小写，推荐使用小写，并且文件名应尽可能与程序的实体名一致，文件扩展名必须是.vhd。

4.2 寄存器描述及其 VHDL 语言现象

4.2.1 D 触发器的 VHDL 描述

D 触发器逻辑结构如图 4.4 所示，其 VHDL 描述如下：

图 4.4 D 触发器

```
LIBRARY IEEE ;
USE IEEE.STD_LOGIC_1164.ALL ;
ENTITY DFF1 IS
   PORT (CLK : IN STD_LOGIC ;
              D : IN STD_LOGIC ;
              Q : OUT STD_LOGIC );
 END ;
  ARCHITECTURE bhv OF DFF1 IS
   SIGNAL Q1 : STD_LOGIC ;
--类似于在芯片内部定义一个数据的暂存节点
   BEGIN
    PROCESS (CLK, Q1)
     BEGIN
      IF   CLK'EVENT AND CLK = '1'
          THEN   Q1 <= D ;
      END IF;
     END PROCESS ;
Q <= Q1 ;
--将内部的暂存数据向端口输出（双横线--是注释符号）
       END bhv;
```

4.2.2　VHDL 描述的语言现象说明

1. 标准逻辑位数据类型 STD_LOGIC

BIT 数据类型定义：

TYPE BIT IS（'0', '1'); ——只有两种取值

STD_LOGIC 数据类型定义：

TYPE STD_LOGIC IS （'U', 'X', '0', '1', 'Z', 'W', 'L', 'H', '.' ）; 其中只有 "0" "1" "Z" "." 可用于综合，其他值仅用于仿真。

U：表示未初始化的；

X/W：表示强/弱未知的；

Z：表示高阻态；

0/1：表示强逻辑 0/1；

L/H：分别表示弱逻辑 0/1；

.：表示忽略。

-：减号形状。

2. 设计库和标准程序包

程序包是预先定义好的一类设计程序的集合体，而设计库则是程序包的集合。设计库和标准程序包的使用主要是为了提高设计效率以及使设计遵循某些统一的语言标准或数据格式。

STD 库：是 VHDL 的标准库，STANDARD 是其中的标准程序包，如 BIT 类型定义即包含在此程序包中，这个库和程序包将默认为是自动打开的。

WORK 库：当前工作库，指向保存当前项目文件的文件夹，WORK 库包含了此路径下的相关元件和程序包。默认是自动打开的。

IEEE 库：不属于 VHDL 标准库，使用前必须显示声明才能打开。STD_LOGIC_1164 程序包属于此库。可以打开程序包中的特定对象，也可全部打开（.ALL）。

```
LIBRARY   WORK ;
LIBRARY   STD ;
USE STD.STANDARD.ALL ;
```

使用库和程序包的一般定义表式是：

```
LIBRARY   <设计库名>;
USE   < 设计库名>.<程序包名>.ALL ;
```

3. 信号定义和数据对象

SIGNAL Q1: STD_LOGIC，信号是数据对象的一种，数据对象类似一种容器，接受不同数据类型的赋值。数据对象的属性包括：

（1）数据对象的类型：信号、变量和常量。

（2）数据对象的数据类型：BIT、BOOLEAN 等。

（3）数据对象的端口模式：IN、OUT 等，对于结构体内部定义的信号，不必定义其端口模式。

上升沿检测表示和信号属性函数 EVENT：语句"CLK'EVENT AND CLK='1'"用于检测 CLK 信号的上升沿，EVENT 是 CLK 信号的事件属性函数，表示信号发生了跳变。

```
"CLK'EVENT AND CLK='1'"
<信号名>'EVENT
```

（4）不完整条件语句与时序电路。

不完整条件语句将综合出时序电路，如下例要设计比较变量大小的组合电路，但实际却是时序电路。

错误设计例子，如图 4.5 所示。

```
ENTITY COMP_BAD IS
  PORT( a1, b1  : IN BIT;
              q1  : OUT BIT  );
  END ;
ARCHITECTURE one OF COMP_BAD IS
     BEGIN
                  PROCESS (a1，b1)
BEGIN
IF   a1 > b1    THEN   q1 <= '1' ;
ELSIF a1 < b1 THEN    q1 <= '0' ;--未提及当 a1=b1 时，q1 作何操作
END IF;
   END PROCESS ;
END ;
```

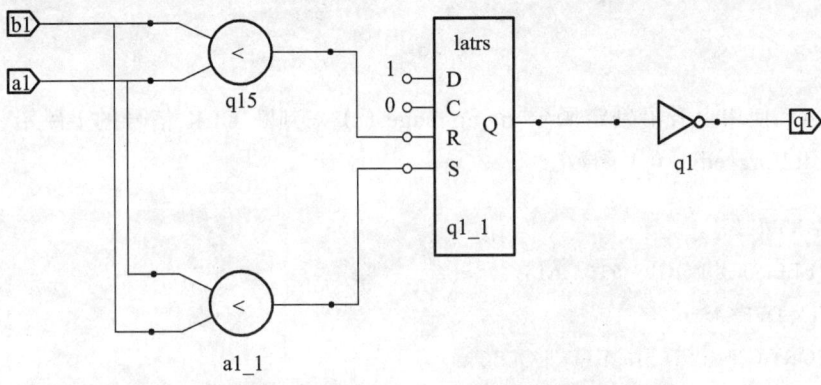

图 4.5 电路图（Synplify 综合）

改进后的设计如图 4.6 所示。

```
  IF   a1 > b1   THEN   q1 <= '1' ;
ELSE   q1 <= '0' ;   END IF;
--.
```

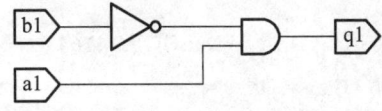

图 4.6 改进后的电路图（Synplify 综合）

4.2.3 实现时序电路的 VHDL 不同表述

例 4.2 如果 CLK 的类型是 STD_LOGIC，严格讲 CLK 'EVENT AND (CLK= '1') 并不能确定是发生了 CLK 的上升沿，而下面语句可做到。

```
PROCESS (CLK)
        BEGIN
IF   CLK'EVENT AND (CLK='1') AND (CLK'LAST_VALUE='0')
            THEN   Q <= D ;
        --确保 CLK 的变化是一次上升沿的跳变
            END IF;
END PROCESS ;
```

例 4.3　使用 CLK 信号的当前值和前一时刻的值来判断上跳沿的产生。

```
PROCESS (CLK)
        BEGIN
IF   CLK='1' AND CLK'LAST_VALUE='0'   --同上例
            THEN   Q <= D ;
END IF;
END PROCESS ;
```

例 4.4　使用上升沿判定函数 rising_edge（）来判断 CLK 信号的上跳沿，类似下降沿使用 falling_edge（）函数。

```
LIBRARY IEEE ;
USE IEEE.STD_LOGIC_1164.ALL ;
ENTITY DFF3 IS
    PORT (CLK, D : IN STD_LOGIC ;
          Q : OUT STD_LOGIC );
    END ;
    ARCHITECTURE bhv OF DFF3 IS
    SIGNAL Q1 : STD_LOGIC;
BEGIN
    PROCESS (CLK)
    BEGIN
    IF   rising_edge(CLK)--必须打开 STD_LOGIC_1164 程序包
            THEN   Q1 <= D ;
    END IF;
            END PROCESS ;
Q <= Q1 ;
--在此，赋值语句可以放在进程外，作为并行赋值语句
END ;
```

例 4.5 使用 wait 语句判断上升沿的产生，此时不必列出敏感信号列表。

```
PROCESS
    BEGIN
        wait until CLK = '1' ;    --利用 wait 语句
        Q <= D ;
END PROCESS;
```

例 4.6 利用进程的启动特性产生对 CLK 的上边沿检测。

```
PROCESS (CLK)
    BEGIN
        IF    CLK = '1'
        THEN   Q <= D ;
        --利用进程的启动特性产生对 CLK 的上边沿检测
    END IF;
END PROCESS ;
```

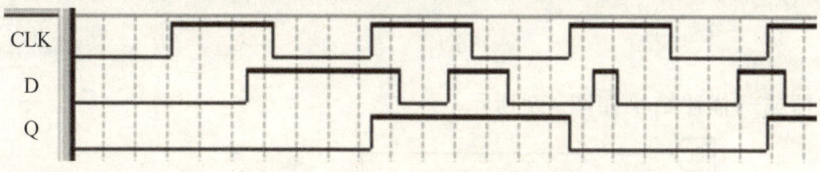

图 4.7　例 4.6 中的时序波形

例 4.7 电平触发型寄存器，需要将 D 作为敏感信号列表。

```
PROCESS （CLK，D）   BEGIN
IF   CLK = '1'           --电平触发型寄存器
THEN   Q <= D ;
        END IF;
END PROCESS ;
```

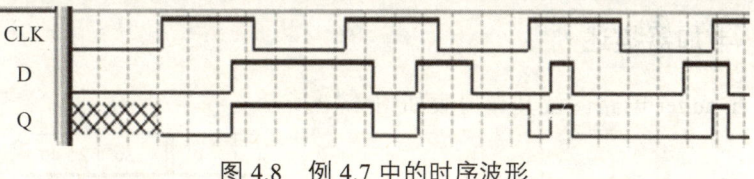

图 4.8　例 4.7 中的时序波形

4.2.4　异步时序电路设计

通常一个进程只构成一个时序电路，构成时序电路的进程被称为时序进程，异步时序电路由多个触发器组成，通常需要由多个时钟进程构成，每个进程判断一个触发器的时钟。

```
ARCHITECTURE bhv OF MULTI_DFF IS
SIGNAL Q1, Q2 : STD_LOGIC;
        BEGIN
PRO1: PROCESS (CLK)
        BEGIN
IF   CLK'EVENT AND CLK='1'
        THEN   Q1 <= NOT (Q2 OR A);
    END IF;
END PROCESS ;
PRO2: PROCESS (Q1)
        BEGIN
        IF   Q1'EVENT AND Q1='1'
THEN   Q2 <= D;
        END IF;
        END PROCESS ;
QQ <= Q2 ;
……
```

半加器或门描述结果如图 4.9 所示。

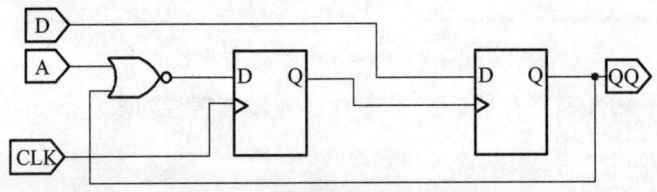

图 4.9　半加器或门描述综合后的电路（Synplify 综合）

4.3　1 位二进制全加器的 VHDL 描述

4.3.1　半加器描述

半加器 h_adder 电路图及其真值表如图 4.10 所示。

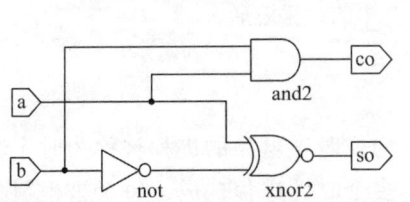

a	b	so	co
0	0	0	0
0	1	1	0
1	0	1	0
1	1	0	1

图 4.10　半加器 h_adder 电路图及其真值表

全加器 f_adder 电路图及其实体模块如图 4.11 所示。

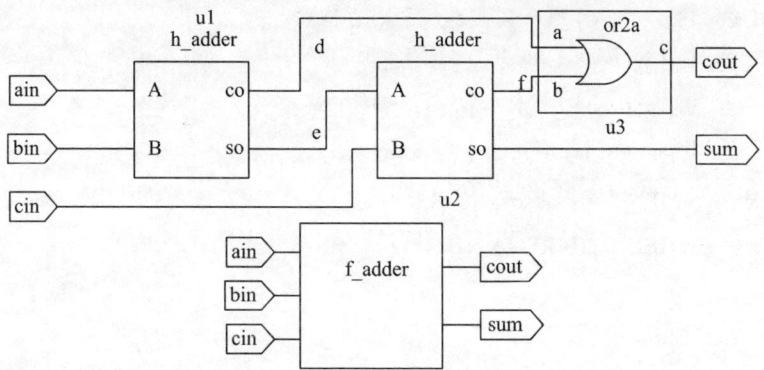

图 4.11　全加器 f_adder 电路图及其实体模块

半加器描述（1）：布尔方程描述方法。

LIBRARY　IEEE;
USE IEEE.STD_LOGIC_1164.ALL;
ENTITY h_adder IS
　　PORT (a, b : IN STD_LOGIC;
　　　　co, so : OUT STD_LOGIC);
END ENTITY　h_adder;
ARCHITECTURE fh1 OF h_adder　is
BEGIN
　　so <= NOT(a XOR (NOT b)) ;　　co <= a AND b ;
END ARCHITECTURE fh1;

半加器描述（2）：真值表描述方法。

LIBRARY　IEEE;　--USE IEEE.STD_LOGIC_1164.ALL;
ENTITY h_adder IS
PORT (a, b : IN STD_LOGIC;
　　　　Co, so : OUT STD_LOGIC);
END ENTITY h_adder;
ARCHITECTURE fh1 OF h_adder　is
　　SIGNAL abc : STD_LOGIC_VECTOR(1 DOWNTO 0) ;
　　--定义标准逻辑位矢量数据类型
BEGIN
　　abc <= a & b ;　--a 相并 b，即 a 与 b 并置操作
PROCESS(abc)

```
    BEGIN
    CASE abc IS        --类似于真值表的 CASE 语句
           WHEN "00" => so<='0'; co<='0' ;
           WHEN "01" => so<='1'; co<='0' ;
           WHEN "10" => so<='1'; co<='0' ;
           WHEN "11" => so<='0'; co<='1' ;
           WHEN OTHERS => NULL ;
END CASE;
    END PROCESS;
END ARCHITECTURE fh1 ;
```

半加器描述（3）：或门逻辑描述。

```
LIBRARY   IEEE ;
USE IEEE.STD_LOGIC_1164.ALL;
ENTITY or2a IS
     PORT （a， b :IN STD_LOGIC;
               c : OUT STD_LOGIC  ）;
    END ENTITY or2a;
ARCHITECTURE one OF or2a IS
    BEGIN
     c <= a OR b ;
END ARCHITECTURE one ;
```

1位二进制全加器顶层设计描述：

```
LIBRARY   IEEE;
USE IEEE.STD_LOGIC_1164.ALL;
ENTITY f_adder IS
    PORT (ain, bin, cin   : IN STD_LOGIC;
           cout, sum      : OUT STD_LOGIC );
END ENTITY f_adder;
ARCHITECTURE fd1 OF f_adder IS
    COMPONENT h_adder                    ——调用半加器声明语句
             PORT (  a, b :  IN STD_LOGIC;
                   co, so :  OUT STD_LOGIC);
    END COMPONENT ;
```

```
         COMPONENT or2a
                   PORT (a, b : IN STD_LOGIC;
                         c : OUT STD_LOGIC);
         END COMPONENT;
     SIGNAL d, e, f   :   STD_LOGIC;
     ——定义3个信号作为内部的连接线。
         BEGIN
         u1 : h_adder PORT MAP(a=>ain, b=>bin, co=>d,  so=>e);——例化语句
         u2 : h_adder PORT MAP(a=>e,   b=>cin, co=>f,  so=>sum);
         u3 :   or2a    PORT MAP(a=>d,   b=>f,    c=>cout);
     END ARCHITECTURE fd1;
```

4.3.2 CASE 语句

1. CASE 语句

CASE 语句是指根据表达式和选择值的匹配情况选择执行相应的顺序语句。CASE 语句本身属于顺序语句，必须放在进程中使用。格式如下：（CASE 语句执行中必须被选中，选择值不能相同）

```
CASE <表达式> IS
When <选择值或标识符> => <顺序语句>;——.;<顺序语句>;
When <选择值或标识符> => <顺序语句>;——;<顺序语句>;
--.
WHEN OTHERS => <顺序语句>;
END CASE ;
```

2. 标准逻辑矢量数据类型

标准逻辑矢量数据类型 STD_LOGIC_VECTOR：定义在 STD_LOGIC_1164 程序报中，是数据元素类型为 STD_LOGIC 的标准一维数组。在使用时必须注明其数组宽度，即位宽，如：

```
B : OUT    STD_LOGIC_VECTOR(7 DOWNTO 0) ;
或    SIGNAL A :STD_LOGIC_VECTOR(1 TO 4)
B <= "01100010" ;              ——B(7)为 '0'
B(4 DOWNTO 1) <= "1101" ;     ——B(4)为 '1'
B(7 DOWNTO 4) <= A ;           ——B(6)等于 A(2)
```

3. 并置操作符

表示将操作数或数组合并起来形成新的数组。例如：

```
SIGNAL a : STD_LOGIC_VECTOR (3 DOWNTO 0) ;
SIGNAL d : STD_LOGIC_VECTOR (1 DOWNTO 0) ;
 ——.
a <= '1' & '0' & d(1) & '1' ;
 ——元素与元素并置，并置后的数组长度为4
IF a & d = "101011" THEN--. –. 在IF条件句中使用并置符
```

4.3.3 全加器描述和例化语句

元件例化就是将预先设计好的设计实体定义为一个元件，从而可以被当前的设计实体调用。元件例化可以是多层的，包含了例化元件的实体本身；也可以定义为元件被更高层的实体调用。元件例化语句由两部分组成，格式如下：

```
COMPONENT 元件名 IS
PORT  (端口名表) ;
END COMPONENT 文件名 ;
COMPONENT h_adder
        PORT (  c, d :  IN STD_LOGIC;
            e, f :  OUT STD_LOGIC);
例化名：元件名  PORT MAP( [端口名 =>] 连接端口名，--.);
```

一是元件定义部分，把一个设计实体定义为元件，此定义必须放在结构体的说明部分，其中端口符号名可以与原定义不同。

二是元件调用部分，说明元件与当前设计实体的连接关系。

4.4 计数器设计

4.4.1 4位二进制加法计数器设计

4位二进制加法计数器设计程序如下：

```
ENTITY CNT4 IS
   PORT ( CLK : IN BIT ;
          Q   : BUFFER INTEGER RANGE 15 DOWNTO 0   ) ;
   END ;
```

```
ARCHITECTURE bhv OF CNT4 IS
   BEGIN
   PROCESS (CLK)
      BEGIN
   IF   CLK'EVENT AND CLK = '1'   THEN
             Q <= Q + 1 ;
                END IF;
   END PROCESS ;
END bhv;
```

4位二进制加法计数器设计程序语法现象：

（1）表面上，BUFFER具有双向端口INOUT的功能但实际上其输入功能是不完整的，它只能将自己输出的信号再反馈回来，并不含有IN的功能。

（2）表达式Q<=Q+1的右项与左项并非处于相同的时刻内。对于时序电路，除了传输延时外，右项的结果出现于当前时钟周期，左项要获得当前的Q+1，则需等待下一个时钟周期。

4.4.2 整数类型

整数类型包含正负整数和零，使用时必须指出数值范围。仿真器将INTEGER作为有符号数处理，而综合器将其作为无符号数处理，整数表达不需要加引号。

整数的子类型：自然数NATURAL，正整数POSITIVE。整数举例：

Q：BUFFER INTEGER RANGE 15 DOWNTO 0；
Q：BUFFER NATURAL RANGE 15 DOWNTO 0；

1	十进制整数
0	十进制整数
35	十进制整数
10E3	十进制整数，等于十进制整数1000
16#D9#	十六进制整数，等于十六进制整数D9H
8#720#	八进制整数，等于八进制整数7200
2#11010010#	二进制整数，等于二进制整数11010010B

4.4.3 计数器设计的其他表述方法

计数器设计的其他表述方法程序描述：

```
LIBRARY IEEE ;
USE IEEE.STD_LOGIC_1164.ALL ;
```

```
USE IEEE.STD_LOGIC_UNSIGNED.ALL ;
ENTITY CNT4 IS
PORT ( CLK : IN STD_LOGIC ;
            Q   : OUT STD_LOGIC_VECTOR(3 DOWNTO 0)   ) ;
END ;
   ARCHITECTURE bhv OF CNT4 IS
SIGNAL Q1 : STD_LOGIC_VECTOR(3 DOWNTO 0);
   BEGIN
   PROCESS (CLK)
   BEGIN
            IF   CLK'EVENT AND CLK = '1'   THEN
Q1 <= Q1 + 1 ;
         END IF;
   END PROCESS ;
            Q <= Q1 ;
END bhv;
```

计数器设计描述结果如图 4.12 所示，程序所对应的仿真时序如图 4.13 所示。

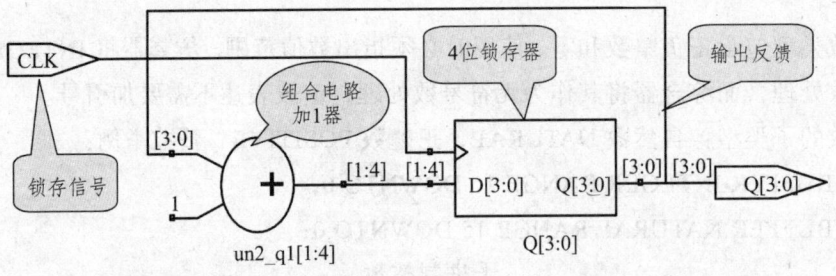

图 4.12   4 位加法计数器 RTL 电路（Synplify 综合）

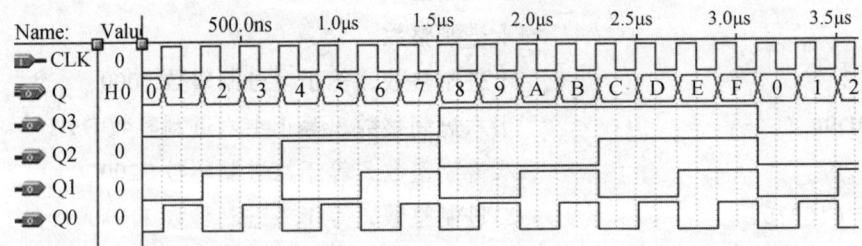

图 4.13   4 位加法计数器工作时序

涉及的语法现象：
（1）由于 CLK 等使用了标准逻辑，因此使用了程序包。
（2）端口 Q 的端口模式为 OUT，因此使用了内部信号 Q1。
（3）端口 Q 的数据类型为标准逻辑位矢量，不能和整数直接进行加法运算，因此调用了+运算符重载函数。+重载运算在 STD_LOGIC_UNSIGNED 包中预定义，另外，该包中也包含其他运算符的重载函数。

4.5 一般加法计数器设计

4.5.1 相关语法说明

1. 变量

变量 VARIABLE CQI：用于数据的暂存，此处作用类似于信号，但赋值符号为：=，而信号的赋值符号为<=，变量赋值没有延迟。

```
VARIABLE CQI:STD_LOGIC_VECTOR (3 DOWNTO 0)
```

2. 省略赋值操作符（OTHERS=>X）

简化位矢量赋值操作，=>表示某位赋 X 值。如：

```
SIGNAL      d1  : STD_LOGIC_VECTOR(4 DOWNTO 0);
VARIABLE    a1  : STD_LOGIC_VECTOR(15 DOWNTO 0);
--
            d1 <= (OTHERS=>'0');   a1 := (OTHERS=>'0') ;
            d1 <= (1=>e(3), 3=>e(5), OTHERS=>e(1) );
            f <= e(1) & e(5) & e(1) & e(3) & e(1) ;
```

4.5.2 程序分析

带有异步复位和同步时钟使能的十进制加法计数器设计程序描述：

```
LIBRARY IEEE;
USE IEEE.STD_LOGIC_1164.ALL;
USE IEEE.STD_LOGIC_UNSIGNED.ALL;
ENTITY CNT10 IS
   PORT (CLK, RST, EN : IN STD_LOGIC;
         CQ : OUT STD_LOGIC_VECTOR(3 DOWNTO 0);
COUT : OUT STD_LOGIC   );
END CNT10;
ARCHITECTURE behav OF CNT10 IS
BEGIN
   PROCESS(CLK, RST, EN)
      VARIABLE   CQI : STD_LOGIC_VECTOR(3 DOWNTO 0);
```

```vhdl
BEGIN
    IF RST = '1' THEN    CQI := (OTHERS =>'0');
                                --计数器异步复位
    ELSIF CLK'EVENT AND CLK='1' THEN
                                --检测时钟上升沿
        IF EN = '1' THEN       .检测是否允许计数(同步使能)
            IF CQI < 9 THEN    CQI := CQI + 1;
                                --允许计数,检测是否小于9
            ELSE    CQI := (OTHERS =>'0');
                                --大于9,计数值清零
            END IF;
        END IF;
    END IF;
    IF CQI = 9 THEN COUT <= '1';
                                --计数大于9,输出进位信号
    ELSE    COUT <= '0';
    END IF;
    CQ <= CQI;          --将计数值向端口输出
END PROCESS;
END behav;
```

运行程序,搭建的十进制加法计数器如图 4.14 所示,得到时序仿真图如图 4.15 所示。

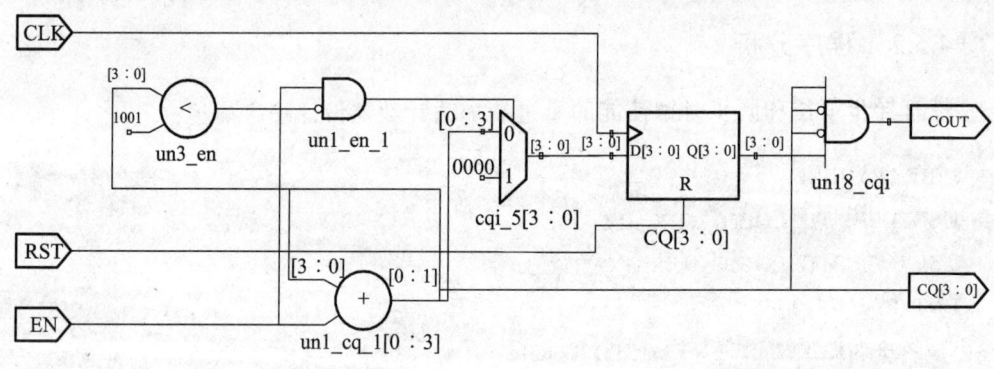

图 4.14　十进制加法计数器 RTL 电路（Synplify 综合）

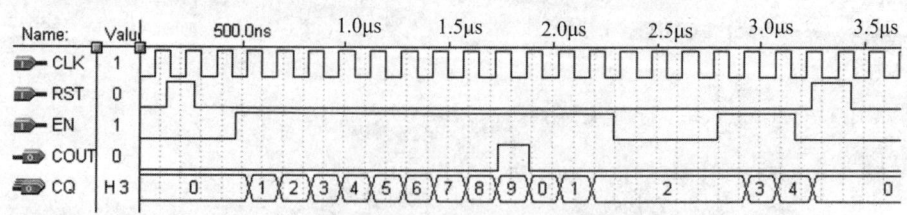

图 4.15　十进制加法计数器的工作时序

4.5.3 含并行置位的移位寄存器设计

含并行置位的 8 位右移寄存器设计程序描述：

```
LIBRARY IEEE;
USE IEEE.STD_LOGIC_1164.ALL;
ENTITY SHFRT IS                       -- 8 位右移寄存器
    PORT (   CLK,LOAD : IN STD_LOGIC;
             DIN : IN STD_LOGIC_VECTOR(7 DOWNTO 0);
             QB : OUT STD_LOGIC   );
END SHFRT;
ARCHITECTURE behav OF SHFRT IS
    BEGIN
    PROCESS (CLK, LOAD)
            VARIABLE REG8 : STD_LOGIC_VECTOR(7 DOWNTO 0);
    BEGIN
            IF CLK'EVENT AND CLK = '1' THEN
            IF LOAD = '1' THEN    REG8 := DIN;
--由(LOAD='1')装载新数据
            ELSE    REG8(6 DOWNTO 0) := REG8(7 DOWNTO 1);
END IF;
            END IF;
            QB <= REG8(0);-- 输出最低位
    END PROCESS;
END behav;
```

并行置位的移位寄存器的工作时序图如图 4.16 所示。

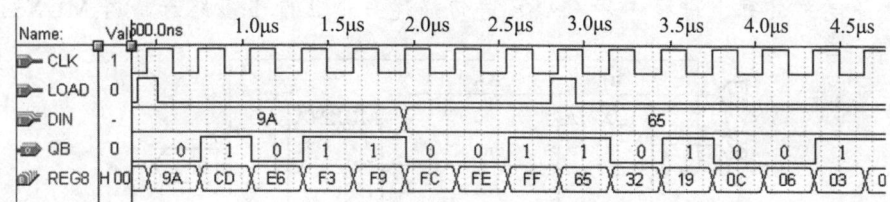

图 4.16 移位寄存器的工作时序

 习 题

4.1 画出与下例实体描述对应的原理图符号元件。

```
ENTITY buf3s IS           -- 实体1: 三态缓冲器
PORT (input : IN STD_LOGIC ;        -- 输入端
      enable : IN STD_LOGIC ;       -- 使能端
      output : OUT STD_LOGIC ) ;    -- 输出端
END buf3x ;
ENTITY mux21 IS           --实体2: 2选1多路选择器
   PORT (in0,  in1, sel :  IN STD_LOGIC;
         output : OUT STD_LOGIC);
```

4.2 图 4.17 所示为 4 选 1 多路选择器,试分别用 IF_THEN 语句和 CASE 语句的表达方式写出此电路的 VHDL 程序。选择控制的信号 s1 和 s0 的数据类型为 STD_LOGIC_VECTOR；

当 s1='0', s0='0';s1='0', s0='1';
s1='1', s0='0'和 s1='1', s0='1'

分别执行 y<=a、y<=b、y<=c、y<=d。

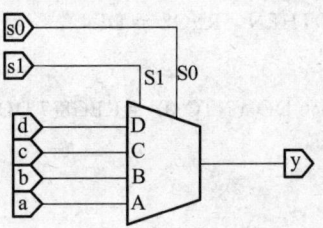

图 4.17 4 选 1 多路选择器

4.3 图 4.18 所示为双 2 选 1 多路选择器构成的电路 MUXK,对于其中 MUX21A,当 s='0'和'1'时,分别有 y<='a'和 y<='b'。试在一个结构体中用两个进程来表达此电路,每个进程中用 CASE 语句描述一个 2 选 1 多路选择器 MUX21A。

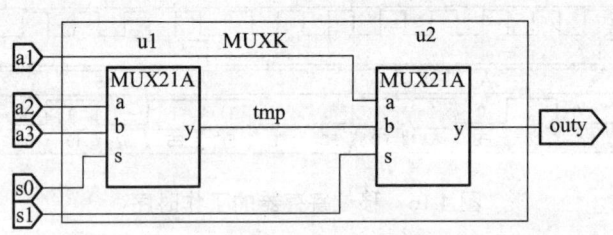

图 4.18 双 2 选 1 多路选择器

4.4 图 4.19 是一个含有上升沿触发的 D 触发器的时序电路,试写出此电路的 VHDL 设计文件。

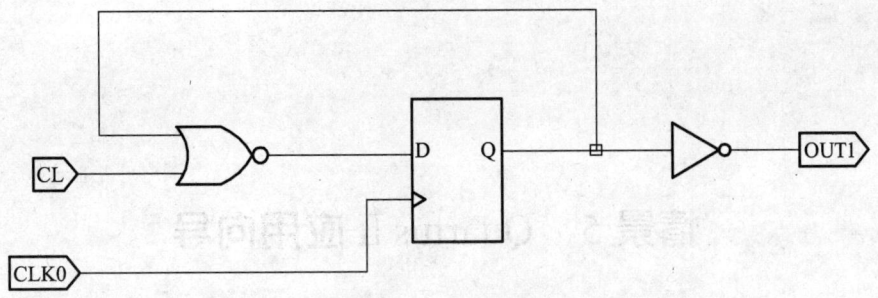

图 4.19 时序电路图

4.5 给出 1 位全减器的 VHDL 描述。要求：

（1）首先设计 1 位半减器，然后用例化语句将它们连接起来，图 4.20 中 h_suber 是半减器，diff 是输出差，s_out 是借位输出，sub_in 是借位输入。

（2）以 1 位全减器为基本硬件，构成串行借位的 8 位减法器，要求用例化语句来完成此项设计（减法运算是 x–y．sun_in = diffr）。

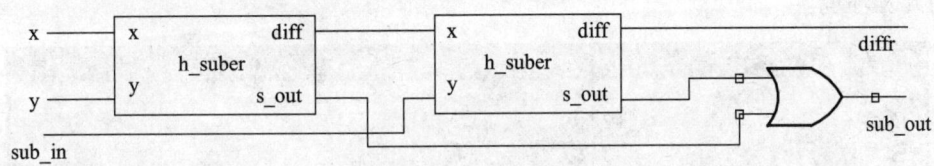

图 4.20 时序电路图

4.6 根据图 4.21，写出顶层文件 MX3256.VHD 的 VHDL 设计文件。

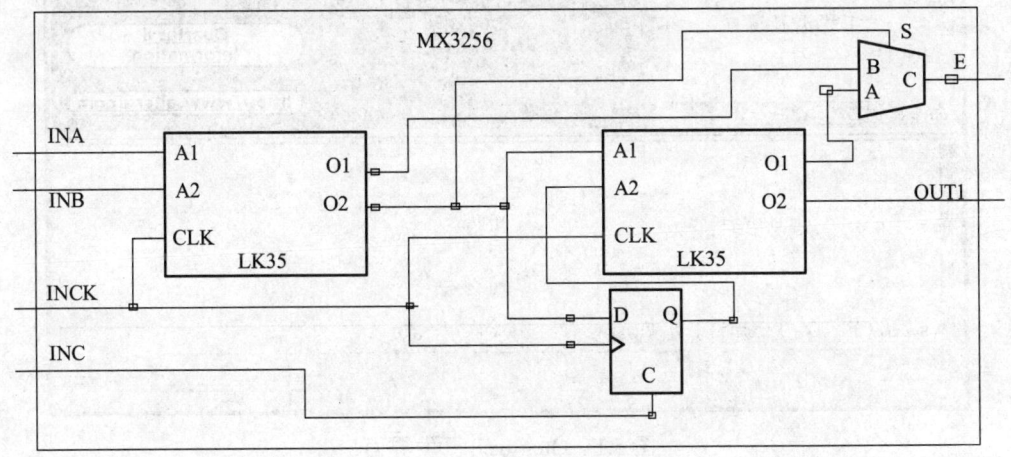

图 4.21 题 4.6 电路图

4.7 设计含有异步清零和计数使能的 16 位二进制加减可控计数器。

情景 5 Quartus Ⅱ 应用向导

5.1 基本设计流程

5.1.1 创建工程

当安装完成 Quartus Ⅱ 后，双击桌面上的 Quartus Ⅱ 图标，跳出的页面就是图 5.1 所示的开发环境。

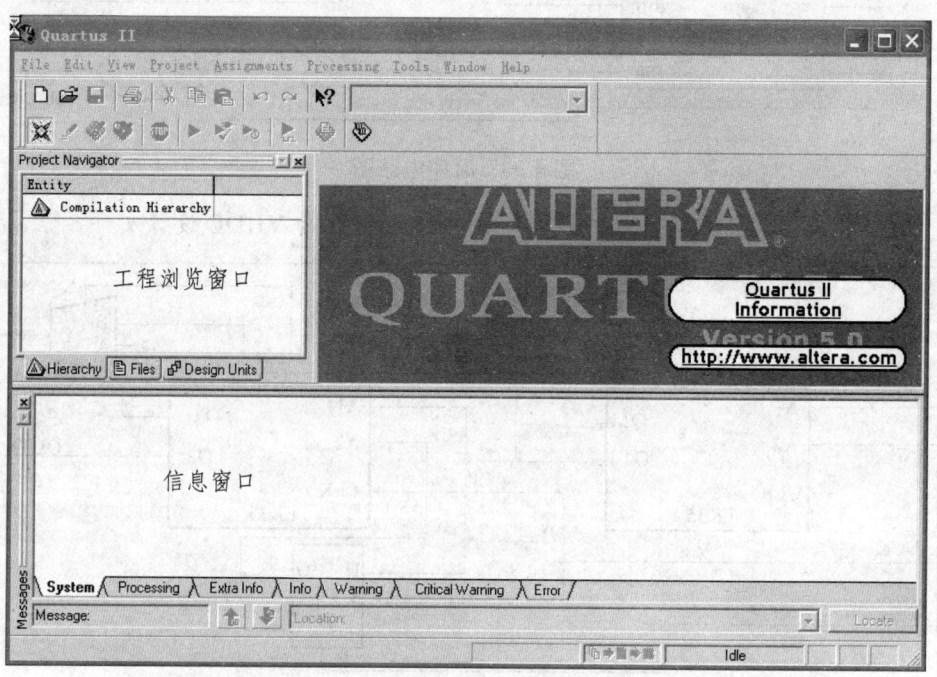

图 5.1 Quartus Ⅱ 开发界面

这个开发环境包含了几部分内容：最上面的是菜单项和工具栏，左边的两个窗口为工程浏览窗口和进度窗口，下面的窗口为信息窗口。那么如何使用这样一个开发环境呢？和其他的集成开发环境一样，使用 Quartus Ⅱ 进行开发首先要创建一个工程。

在菜单中选择 File→New Project Wizard，将会出现一个信息框，这个对话框是向我们介绍创建工程步骤的。我们可以直接选择 Next，这时会出现如图 5.2 所示的对话框。这里输入的是我们将要创建的工程的基本信息，三个输入栏中分别输入的是工程将被保存的路径、工程的名称和顶层实体的名称。建议工程名与顶层实体名称保持一致。输入完毕后我们就可以点击 Next 了。会有提示说是否创建这一工程路径，直接点 Yes 即可。接着会出现如图 5.3 所示的添加工程文件对话框。

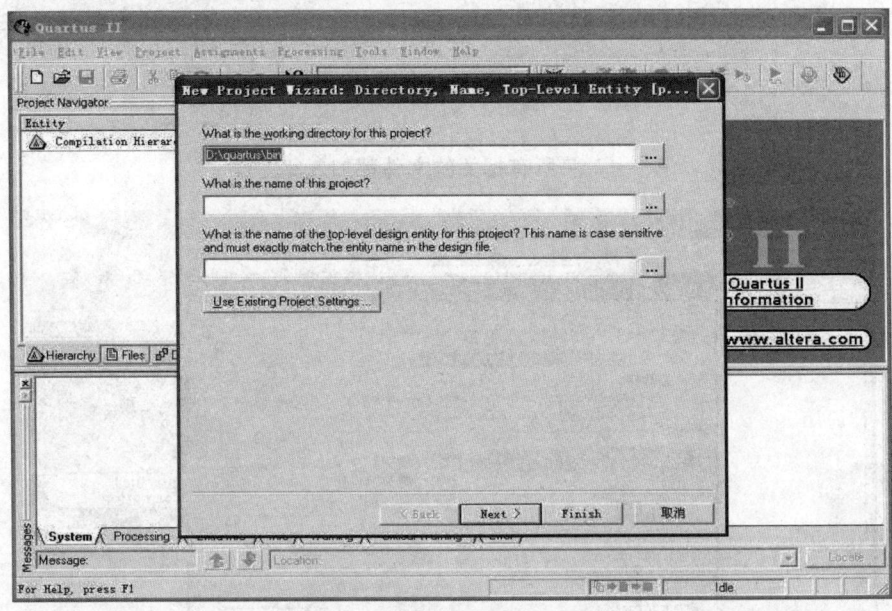

图 5.2　工程基本信息对话框

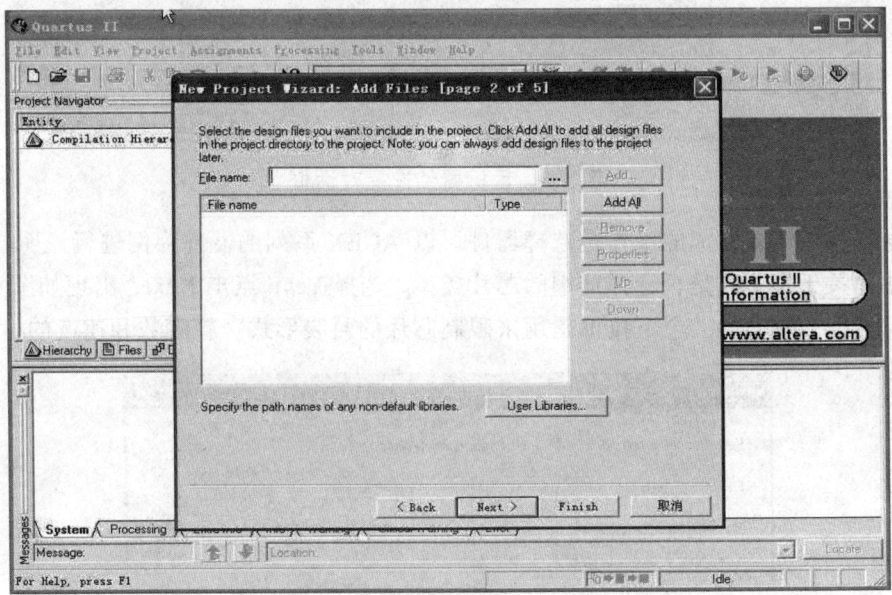

图 5.3　添加工程文件对话框

此处我们需要做的是将已经写好的 VHDL 文件加入工程中。当然，也可以直接点击 Next，以后再完成添加 VHDL 文件的工作。接着会出现如图 5.4 所示的对话框。

这里要选择的是其他 EDA 工具，我们不需要选择，所以直接点击 Next。于是就出现了图 5.5 所示的对话框。

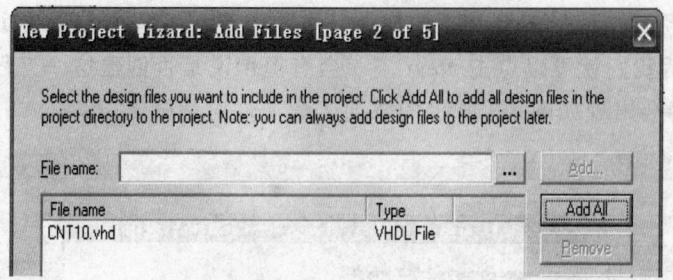

图 5.4　将所有相关的文件都加入此工程

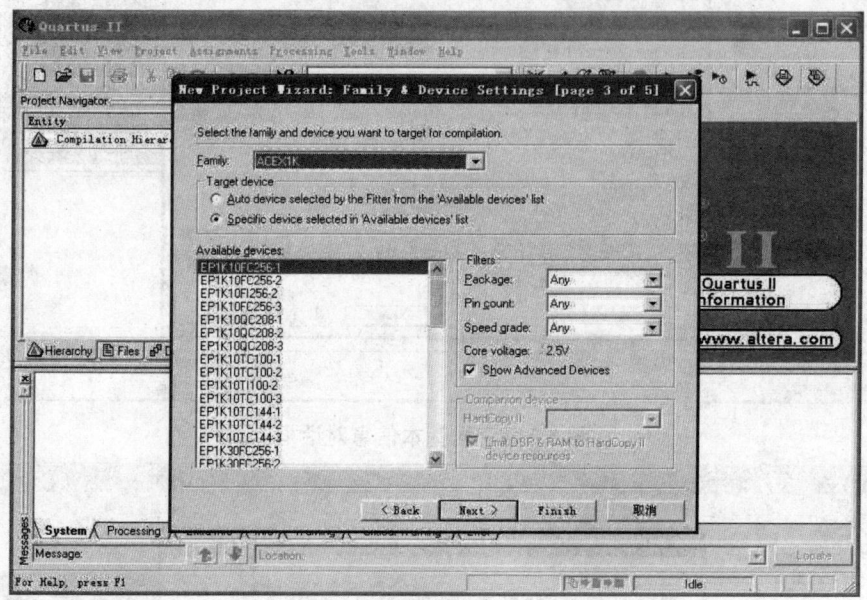

图 5.5　目标器件选择对话框

这里我们需要完成的工作是选择器件。以 ACEX 系列的器件为例进行说明。下面的问题是关于接下来是否选择详细的芯片类型，选择 Yes，点击 Next，出现如图 5.6 所示的对话框。右面的三个下拉框是用来限制芯片的封装形式、管脚数和速度的。

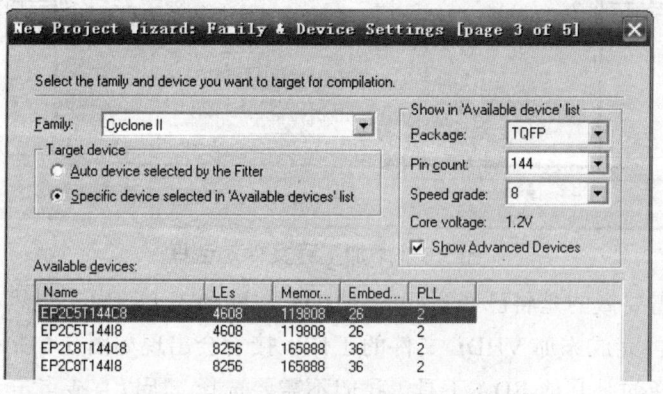

图 5.6　选择目标器件 EP2C5T144C8

选择 FPGA 目标芯片 EP1K30QC208.3，它具有 144 管脚，速度为 6。选择完成后，点击 Next，出现如图 5.7 所示的对话框。图 5.7 给出了所生成工程的信息。点击 Finish 就完成了通过向导生成一个工程的工作。

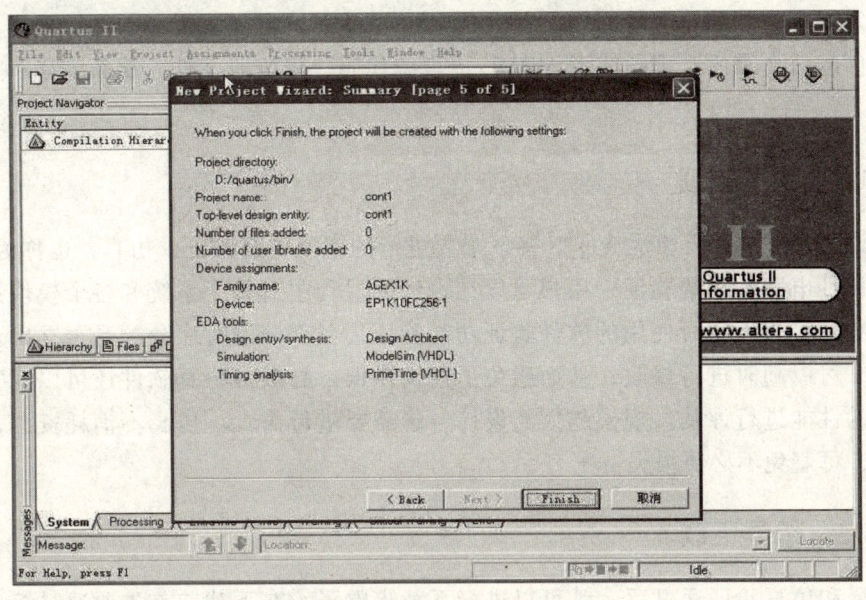

图 5.7　生成工程的信息

以上就是在创建一个工程需要做的主要工作，完成了以上步骤我们就可以进行设计输入了。下面简要介绍两种不同的输入方式。

5.1.2　设计输入

1. 原理图输入

利用 EDA 工具进行原理图设计的优点是，设计者不必具有许多诸如编译技术、硬件语言等新知识就能迅速入门，完成较大规模的电路系统设计。当然，由于原理图方式的输入本身不如代码输入方便，所以在逻辑比较复杂的情况下通常不被采用，但原理图方式本身非常直观，有利于理解，更适合初学者使用。

2. 硬件描述语言输入

硬件描述语言是 EDA 技术的重要组成部分，VHDL 语言是作为电子设计主流的硬件描述语言。VHDL 语言具有很强的电路描述和建模能力，能从多层次对数字系统进行建模和描述，从而大大简化了硬件设计任务，提高了设计效率和可靠性。

VHDL 具有与具体硬件电路无关和设计平台无关的特点，并且具有良好的电路行为描述和系统描述的能力，并在语言易读性和层次结构化设计方面，表现了强大的生命力和应用潜力。

5.1.3 编译

当原理图输入或者文本输入完成后，就需要对工程文件进行编译，检查在输入过程中所存在的错误。这是所设计的工程文件能否实现所期望的逻辑功能的重要步骤，直接确定工程后续的步骤能否继续。所以在这一过程一定要认真细心，发现错误后按照提示信息认真阅读原理图或者 VHDL 语言源代码，修改源文件，重新编译，直到编译通过。

5.1.4 仿真验证

编译通过并非就万事大吉了，接下来要进行的就是仿真验证。仿真，也称为模拟，是对所设计电路的功能验证。用户可以在设计的过程中对整个系统和各个模块进行仿真，即在计算机上用所使用的软件验证功能验证，各部分的时序分配是否准确。如果有问题，可以随时进行修改，从而避免了逻辑错误。高级的仿真软件还可以对整个系统设计的性能进行评估。规模越大的设计，越需要进行仿真。仿真不消耗资源，不浪费时间，可避免不必要损失。

5.1.5 编程下载

编译和仿真验证通过后，就可以进行下载步骤了。在下载前首先要通过综合器产生的网表文件配置于指定的目标器件中，使之产生最终的下载文件。把适配后生成的下载或配置文件通过编译器或编程电缆向 FPGA 或 CPLD 进行下载，以便进行硬件调试和验证。并通过硬件测试来最终验证设计项目在目标系统上的实际工作情况，以排除错误，进行设计修正。

通过以上步骤的简要介绍，我们对一个逻辑电路的设计流程有了初步清晰的了解。接下来我们通过具体的示例来详细说明其过程。

5.2 Quartus：工程示例

5.2.1 原理图输入方式

利用 EDA 工具进行原理图设计的优点是，设计者不必具有许多诸如编译技术、硬件语言等新知识就能迅速入门，完成较大规模的电路系统设计。当然，由于原理图方式的输入本身不如代码输入方便，所以在逻辑比较复杂的情况下通常不被采用。但原理图方式本身非常直观，利于理解，更适合初学者使用。下面就以建立一个与门的实例来说明其使用方法。

1. 创建原理图文件

我们新建一个工程 Project。在 File 菜单中选 New Project Wizard。输入工程路径、工程名、顶层实体名称。建议为新工程单独创建一个文件夹,名为 mycont。保持工程名、顶层实体名均为 mycont。如图 5.8 所示。

点击 Finish 完成新工程的建立。

现在,为该工程创建新的文件。在 File 菜单中选择 New(见图 5.9),然后选择 Block Diagram/ SchematicFile,打开一个原理图编辑窗口,如图 5.10 所示。

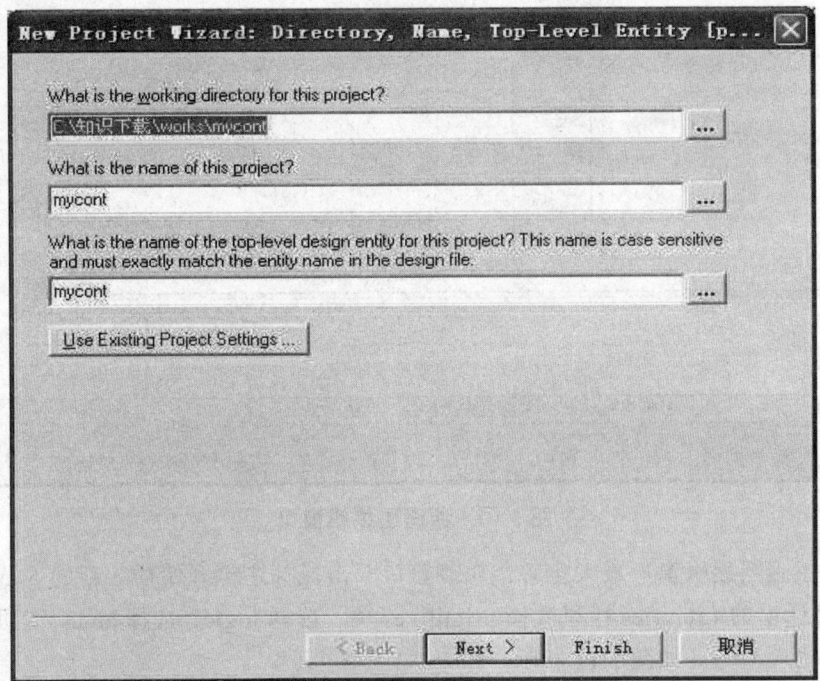

图 5.8　建立 lesson1 工程

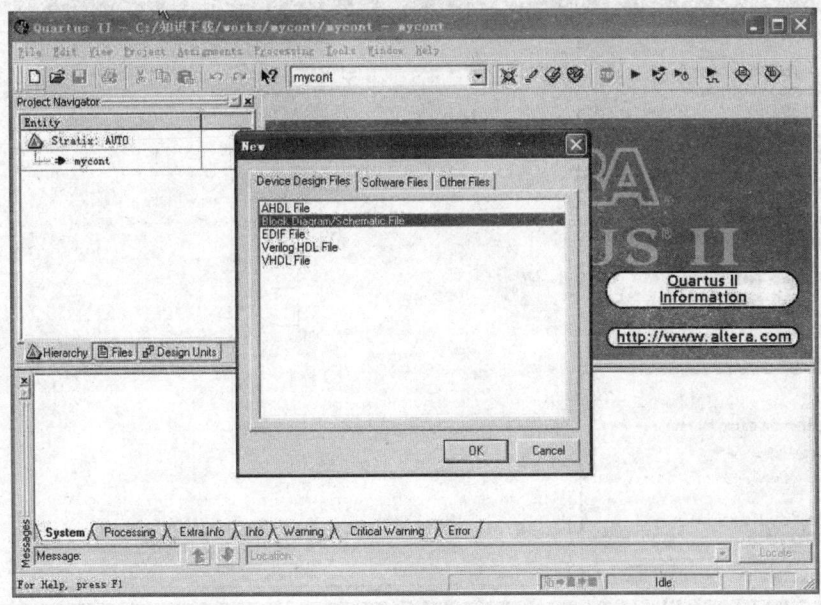

图 5.9　New 选项对话框

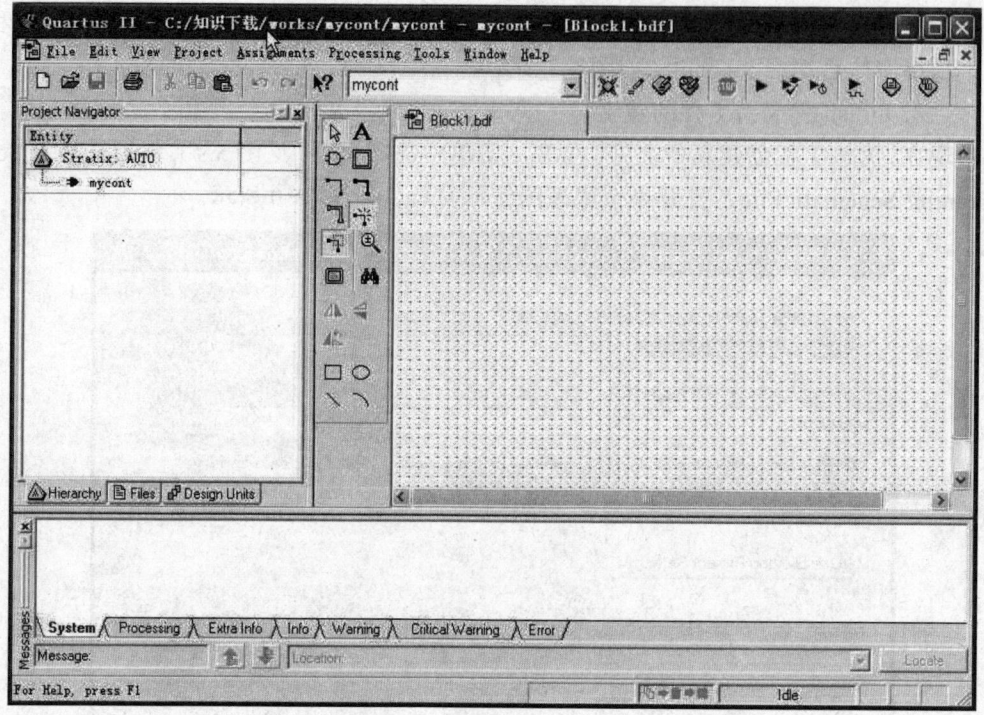

图 5.10 原理图编辑窗口

可将原理图编辑窗口最大化后,在该窗口双击鼠标左键开始插入新的 Symbol。在 Symbol 对话窗的 Libraries 栏里选择 primitives 项,选择 logic,选择 and3,右面就出现了一个二输入与门。如图 5.11 所示。

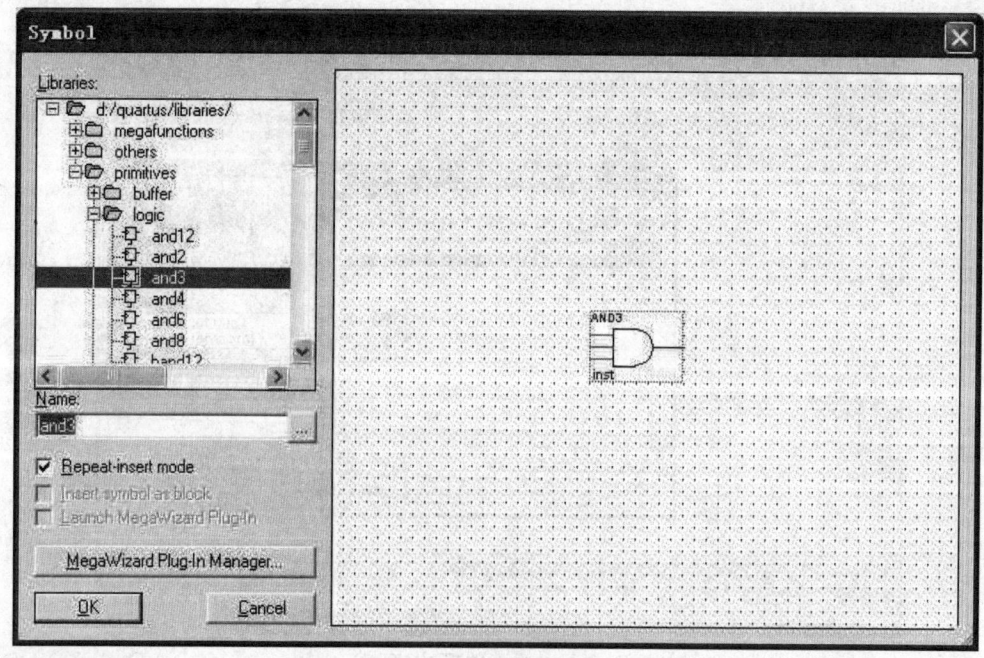

图 5.11 插入元件

点击 OK，关闭 Symbol 对话窗，回到原理图编辑窗口中。然后在合适位置上点击鼠标左键，一个二输入与门就被加到了原理图上了。同样的方法在 primitives/pin 中我们可以加入一些 Pin，注意 Pin 是分输入和输出的。完成 Symbol 添加后我们使用左边快捷工具栏的连线将这些 Symbol 连接起来。双击 pin name 更改管脚名。输入为 inputa 和 inputb，输出为 outputz，如图 5.12 所示。完成添加和连接后，将输入的图形文件取名为 mycont.bdf 并存盘。

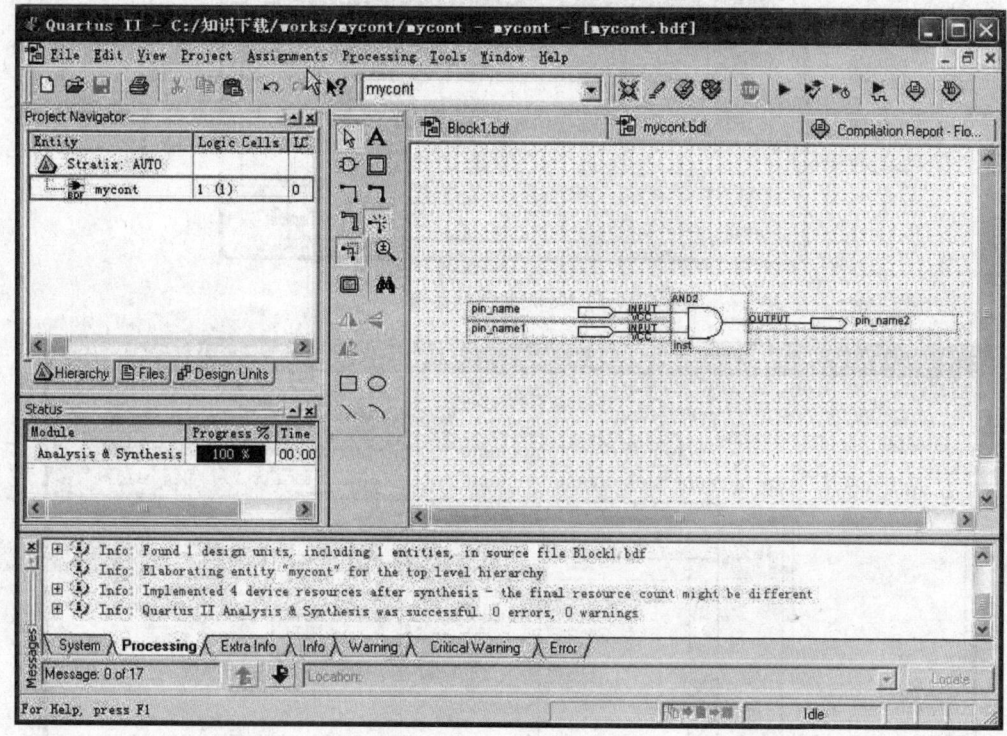

图 5.12 连接好的原理图

选 Processing/Start/StartAnalysis&Synthesis 菜单命令进行编译。如果编译没通过，错误信息在信息窗口会以红字显示出来，然后分析错误原因并改正错误。

2. 创建一个波形图文件

原理图输入完成后可以通过波形图仿真来验证我们的设计。

在 File 菜单中选择 New，如图 5.13（a）所示，出现名为 New 的对话窗。在 Other Files 中选择 Vector Waveform File，点击 OK 按钮，出现一个空的波形图文件。

如想改变仿真结束时间，可选 End Time（在 Edit 菜单中）。此处设为 40 ns，改完后点击 OK，关闭 End 窗口，如图 5.13（b）所示。

在 File 菜单中选择 Save As 窗口。在 Save As 窗口中，输入文件名。点击 Save 将文件保存。

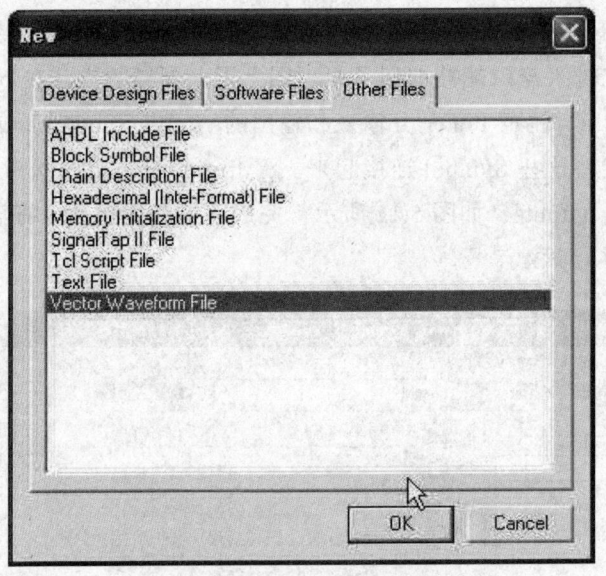

(a) New 命令对话窗

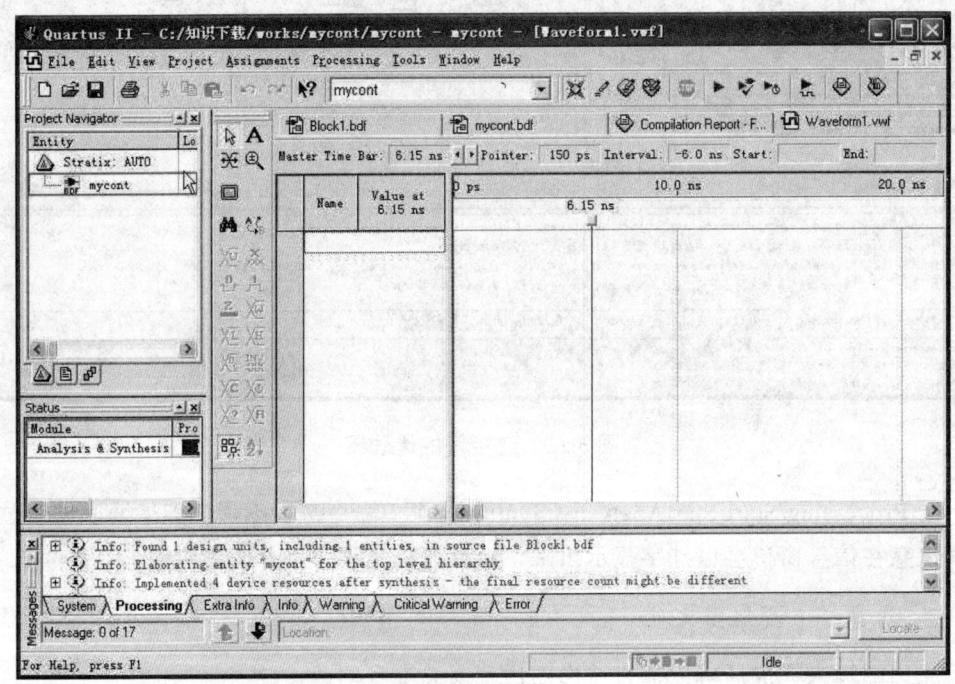

(b) 建立波形文件

图 5.13 创建 New 波形文件

3. 输入信号节点

选 View/Utility/Window/Node Finder 菜单，在 Node Finder 对话框中的 Filter 里，用下拉菜单选 Pins：all，点击 List 按钮，出现信号节点列表，如图 5.14 所示。

在 Node Found 列表中，选与门两输入和输出，并将它们用鼠标拖到波形文件的

Name 栏中（可用 Ctrl+Click 多选）。关闭 Node Finder。

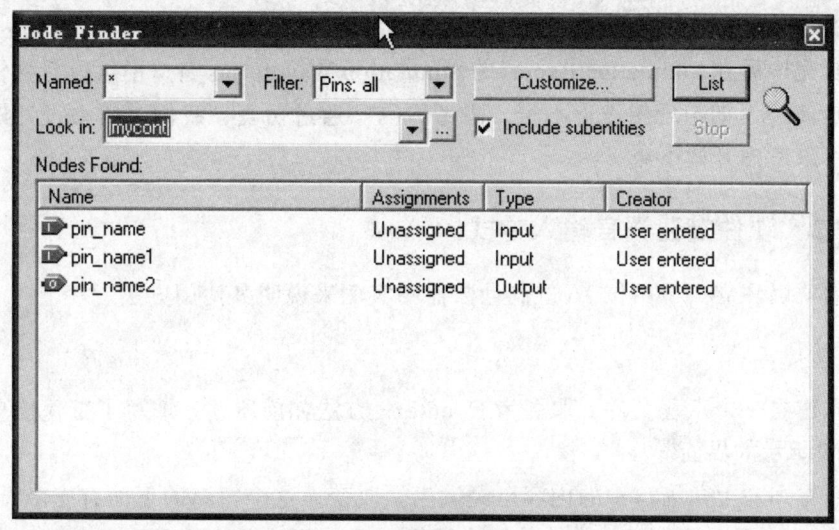

图 5.14 列出并选择需要观察的信号节点

4. 编辑输入波形

在 Name 栏中选输入端口的名称。此端口所在行被高亮。

点击右键，在右键菜单中的 Value 子菜单中，可对波形做各种设定。也可在左边垂直的工具栏中，使用快捷按钮，如图 5.15 所示。这里，对于 inputa，我们可选"Clock"类型的波形，在 Clock 窗口中的 period 里设置。

方波的周期为 40 ns。点击 OK，关闭 Clock 窗口。对于 inputb，我们可将 Forcing High 设为高电平分别将两输入端口的波形设置好，并将波形图文件存盘。

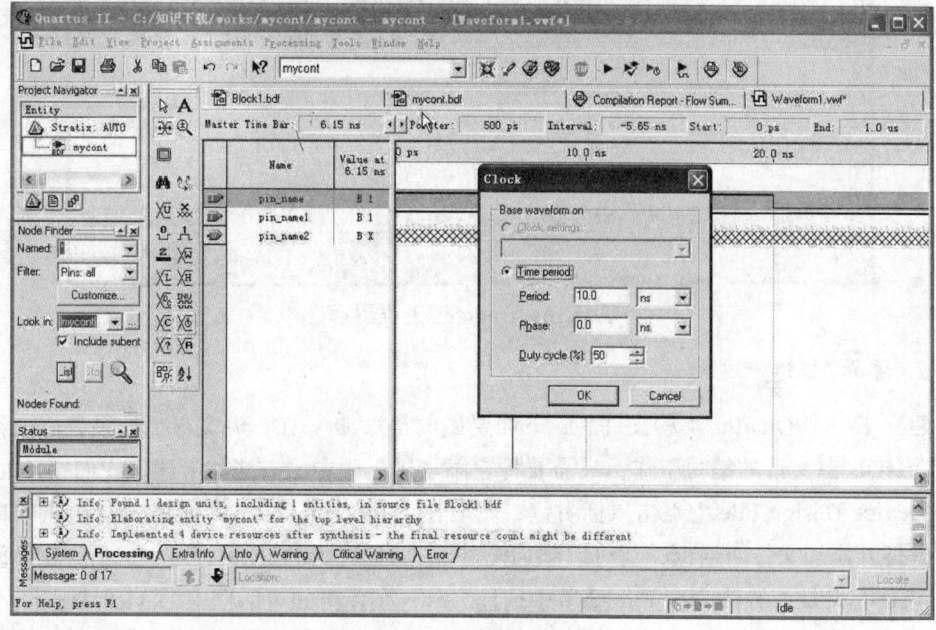

图 5.15 编辑输入波形

5. 观察输出波形

选 Start Simulation（在 Processing 菜单中），开始仿真。

仿真完毕后在 Simulation Report 的 Simulation Waveforms 窗口中可以看到输出波形图。分析波形，如与理想波形不符，思考原因。通过仿真，我们对所做设计确认无误后，便可以考虑开始下载。

5.2.2 硬件描述语言输入方式

下面就以建立一个两位 16 进制计数器的实例来说明其使用方法。

1. 创建工程

首先建立一个工程文件，取名为 Counter，方法如前所述。填写了工程信息后出现如图 5.16 所示的界面。

我们看到左上角窗口中的内容已经发生了改变，这个窗口的下面有三个页选项。

Hierarchy 页中的内容是实体的层次结构，Files 页中的内容是工程包含的文档。这两个都是很常用的内容。

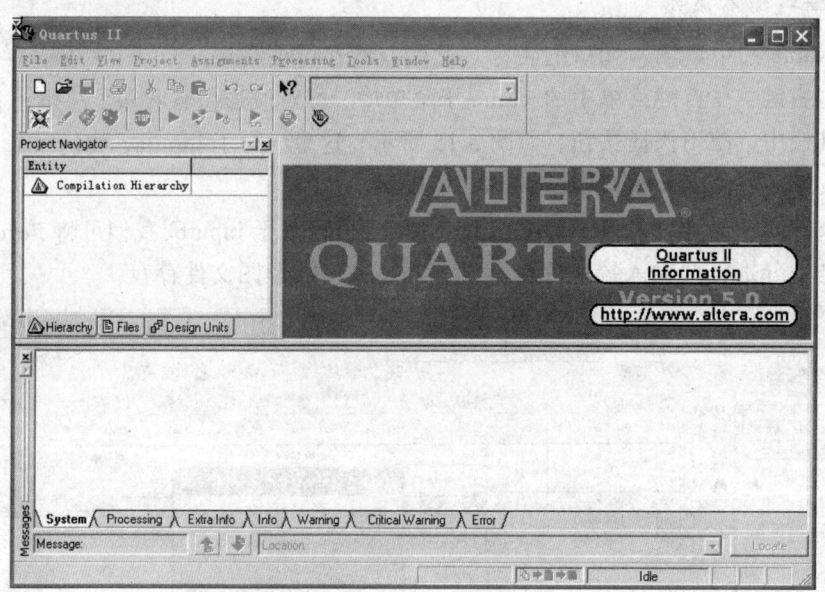

图 5.16　Counter 工程界面

2. 添加/创建新文件

建立了一个 Quartus 工程文件后，下面要做的是添加 VHDL 源文件。如果我们已经完成了 VHDL 源文件的编写工作，只需要将它添加进工程中，方法如上述。我们在 File 页中的 Device Design File 上点击鼠标右键，然后在 Add/Remove Files in Project 上点击鼠标左键，打开添加文件对话框，就可以添加文件了。当然，我们也可以在 Quartus Ⅱ 中创建新的 VHDL 文件。方法为在 File 菜单中选择 new，在弹出的对话框中 Device Design File 页选择 VHDL File，如图 5.17 所示，点击 OK，将在工作区弹出一文本编辑窗口，输入

VHDL 程序，编辑完毕另存为 counter.vhd 文件。

在工程浏览窗口中选择 File 页，双击 counter.vhd 文件，右面的工作空间区就会出现 counter.vhd 文件的代码。

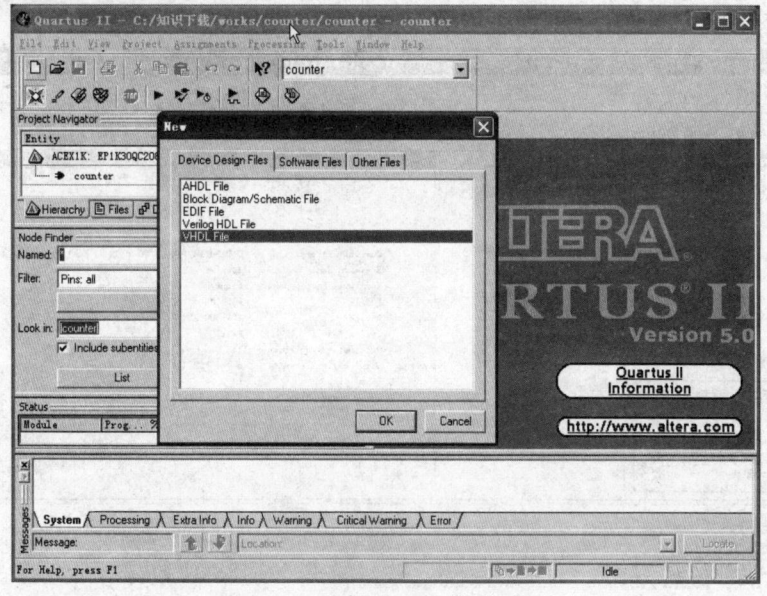

图 5.17 选择 VHDL 文件类型

3. 编译

完成对 VHDL 文件的编辑后，可以选择 File 菜单中的 Save 选项。假如已经完成了整个 Project 的编辑，就可以编译了。点击屏幕上的编译运行按钮来完成编译的工作，如图 5.18 所示。

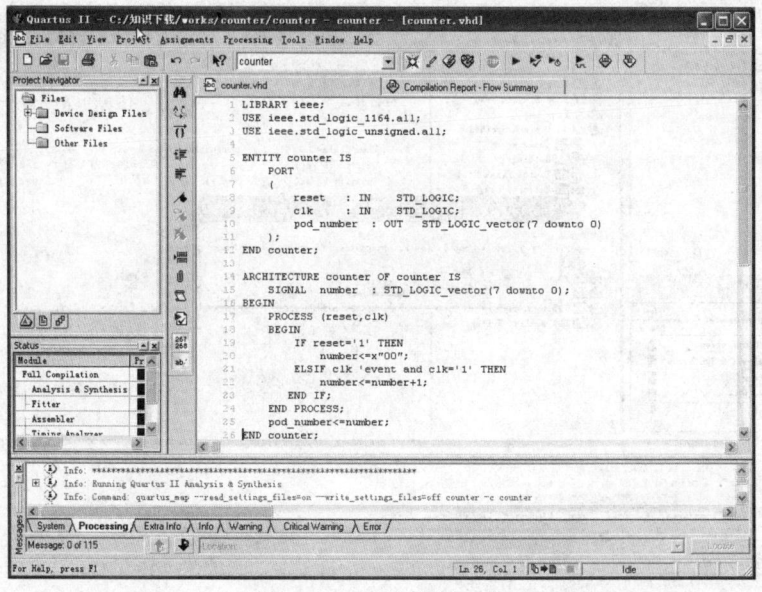

图 5.18 开始编译工程

图 5.19 显示的是编译过程中的状态。下面窗口显示的是编译过程中的各种提示信息。左下的窗口显示的编译的进程，右面的窗口显示的是编译报告。因为编译本身需要相当长的科学计算时间的，而且编译的时间随工程复杂程度的增加而增加。当编译成功后，就会出现图 5.20 所示的提示信息。

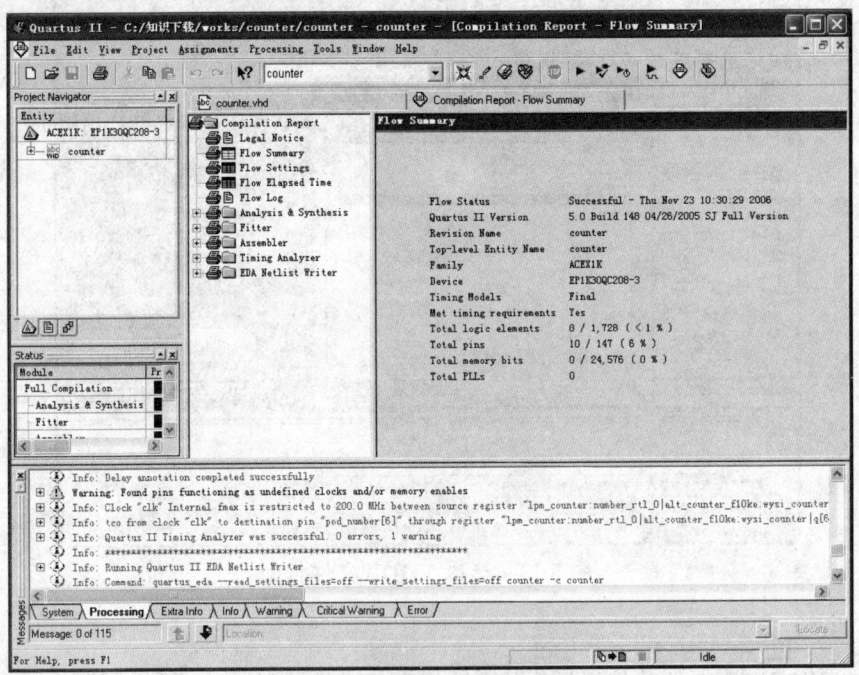

图 5.19　编译过程状态显示

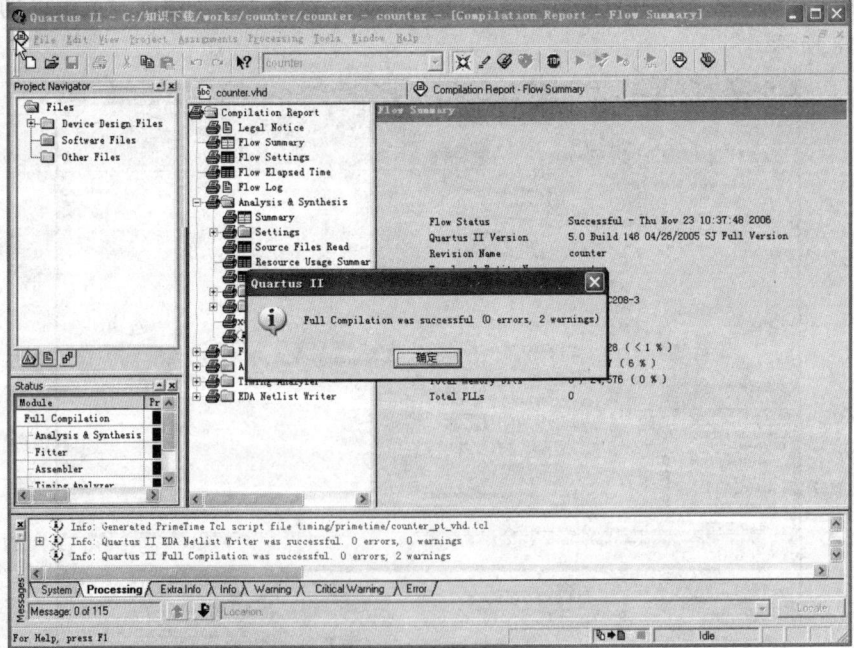

图 5.20　编译完成提示

点击确定即可，这时我们可以通过右面的窗口来观察资源占用情况。从图 5.20 可以看出，工程逻辑单元使用小于 1%，管脚使用 9%，芯片内存储器使用 0%，PLL 没有使用。如果编译过程中出现错误，那么 Quartus 会在下面的编译信息窗口用红字显示出来，可以通过在错误信息上双击鼠标左键来定位错误。

4. 生成 FPGA 下载文件

经过上面的步骤，已经完成了对 VHDL 代码的编译。这就是说已经在逻辑上完成了一个实现了我们所需要功能的芯片，当然，前提是我们的代码是正确的。编写 VHDL 进而进行编译的目的是为了能够最终使 FPGA 芯片具有我们所需要的功能，那么这就需要将我们完成的那个逻辑上的芯片与实际的 FPGA 芯片结合起来，这就是本节要讨论的问题。其实完成上面的工作很简单，只需要将逻辑上的实体的管脚与 FPGA 芯片的管脚进行绑定就可以了。

继续以前面生成的那个计数器的工程为例进行说明。在前面的过程中我们生成了一个实体叫作 counter，那么如何将 counter 这个实体与我们的 FPGA 结合起来呢？counter 有 3 组管脚：reset、clk 和 number，共 1+1+8=10 个管脚，我们只需要为这 10 个管脚各自绑定一个 FPGA 的管脚就可以了，这一过程通常称作"管脚锁定"。

习 题

5.1 归纳利用 Quartus Ⅱ 进行 VHDL 文本输入设计的流程：从文件输入一直到 SignalTap Ⅱ 测试。

5.2 由图 4.14、4.15，详细说明工程设计 cnt10 的硬件工作情况。

5.3 如何为设计中的 SignalTap Ⅱ 加入独立采用时钟？试给出完整的程序和对它的实测结果。

5.4 参考 Quartus Ⅱ 的 Help，详细说明 Assignments 菜单中 Settings 对话框的功能。

（1）说明其中的 Timing Requirements & Qptions 的功能、使用方法和检测途径。

（2）说明其中的 Compilation Process 的功能和使用方法。

（3）说明 Analysis & Synthesis Setting 的功能和使用方法，以及其中的 Synthesis Netlist Optimization 的功能和使用方法。

（4）说明 Fitter Settings 中的 Design Assistant 和 Simulator 功能，举例说明它们的使用方法。

5.5 概述 Assignments 菜单中 Assignment Editor 的功能，举例说明。

5.6 用 74148 优先编码器和与非门实现 8421BCD 优先编码器，用 3 片 74139 译码器组成一个 5.24 线译码器。

5.7 用 74283 加法器和逻辑门设计实现一位 8421BCD 码加法器电路，输入输出均是 BCD 码，CI 为低位的进位信号，CO 为高位的进位信号，输入为两个 1 位十进制数 A，输出用 S 表示。

5.8 设计一个 7 人表决电路，参加表决者 7 人，输入端输入"1"为同意，"0"为不同意，同意者过半则表决通过，绿指示灯亮；表决不通过则红指示灯亮。

参考程序如下：

```
LIBRARY IEEE;
USE IEEE.STD_LOGIC_1164.ALL;
USE IEEE.STD_LOGIC_UNSIGNED.ALL; ENTITY DFF1 IS
PORT (A1,A2,A3,A4,A5,A6,A7:IN STD_LOGIC;
Y:OUT STD_LOGIC);
END;
ARCHITECTURE bhv OF DFF1 IS BEGIN
  PROCESS(A1,A2,A3,A4,A5,A6,A7)
  VARIABLE SUM:INTEGER RANGE 0 TO 7;
BEGIN   SUM:=0;
   IF A1='1'THEN SUM:=SUM+1;END IF;
IF A2='1'THEN SUM:=SUM+1;END IF;
IF A3='1'THEN SUM:=SUM+1;END IF;
IF A4='1'THEN SUM:=SUM+1;END IF;
IF A5='1'THEN SUM:=SUM+1;END IF;
IF A6='1'THEN SUM:=SUM+1;END IF;
IF A7='1'THEN SUM:=SUM+1;END IF;
IF SUM>3 THEN Y<='1';
 ELSE Y<='0';    END IF;
END PROCESS;
END;
```

思路分析：

在实体 H_7 中定义端口 A1,A2,A3,A4,A5,A6,A7 和 GAIN，其中 A1,A2,A3,A4,A5,A6,A7 为七位标准逻辑向量，用于表示七个人，GAIN 为标准逻辑输出。

在结构体 BEHAV 中，用 A1,A2,A3,A4,A5,A6,A7 作为进程的敏感信号，在进程里定义一个整型变量 ABC，累计 1 的个数，利用 IF 条件语句统计 1 的个数放在 ABC 中，用 if 判断 ABC 的大小，若满足条件即超过半数则把 1 赋给 GAIN 输出，否则输出 0。

5.9 设计一个周期性产生二进制序列 01001011001 的序列发生器，用移位寄存器或用同步时序电路实现，并用时序仿真器验证其功能。

5.10 用 D 触发器构成按循环码（000.>001.>011.>111.>101.>100.>000）规律工作的六进制同步计数器。

5.11 应用 4 位全加器和 74374 构成 4 位二进制加法计数器。

5.12 用 74194、74273、D 触发器等器件组成 8 位串入并出的转换电路，要求在转换过程中数据不变，只有当 8 位一组数据全部转换结束后，输出才变化一次。如果使用 74299、74373、D 触发器和非门来完成上述功能，应该有怎样的电路？

5.13 用一片 74163 和两片 74138 构成一个具有 12 路脉冲输出的数据分配器。要求在原理图上标明第 1 路到第 12 路输出的位置。若改用一片 74195 代替以上的 74163，试完成同样的设计。

5.14 用同步时序电路对串行二进制输入进行奇偶校验，每检测 5 位输入，输出一个结果。当 5 位输入中 1 的数目为奇数时，在最后一位的时刻输出 1。

5.15 用 7490 设计模为 872 的计数器，且输出的个位、十位、百位都应符合 8421 码权重。

5.16 用 74161 设计一个 97 分频电路，用置 0 和置数两种方法实现。

5.17 某通信接收机的同步信号为巴克码 1110010。设计一个检测器，其输入为串行码 x，输出为检测结果 y，当检测到巴克码时，输出 1。

实验与设计

5.18 组合电路的设计。

（1）实验目的：熟悉 Quartus Ⅱ 的 VHDL 文本设计流程全过程，学习简单组合电路的设计、多层次电路设计、仿真和硬件测试。

（2）实验内容①：首先利用 Quartus Ⅱ 完成 2 选 1 多路选择器（习题 4.3）的文本编辑输入（mux21a.vhd）和仿真测试等步骤，给出图 4.18 所示的仿真波形。

（3）实验内容②：将此多路选择器看成是一个元件 mux21a，利用元件例化语句描述图 4.18，并将此文件放在同一目录中。以下是部分参考程序：

```
--
   COMPONENT MUX21A
     PORT ( a, b, s :   IN   STD_LOGIC;
                  y :   OUT STD_LOGIC);
   END COMPONENT ;
--
   u1 : MUX21A PORT MAP (a=>a2, b=>a3, s=>s0, y=>tmp);
   u2 : MUX21A PORT MAP (a=>a1, b=>tmp, s=>s1, y=>outy);
END ARCHITECTURE BHV ;
```

按照本章给出的步骤对上例分别进行编译、综合、仿真，并对其仿真波形做出分析说明。

（4）实验报告：根据以上的实验内容写出实验报告，包括程序设计、软件编译、仿真分析、硬件测试和详细实验过程；给出程序分析报告、仿真波形图及其分析报告。

（5）附加内容：根据本实验以上提出的各项实验内容和实验要求，设计 1 位全加器。

首先用 QuartusⅡ完成 4.3 节给出的全加器的设计，包括仿真和硬件测试。实验要求分别仿真测试底层硬件或门和半加器，最后完成顶层文件全加器的设计和测试，给出设计原程序，程序分析报告、仿真波形图及其分析报告。

（6）实验习题：以 1 位二进制全加器为基本元件，用例化语句写出 8 位并行二进制全加器的顶层文件，并讨论此加法器的电路特性。

5.19 时序电路的设计。

（1）实验目的：熟悉 QuartusⅡ 的 VHDL 文本设计过程，学习简单时序电路的设计、仿真和测试。

（2）实验内容①：根据习题 5.18 的步骤和要求，设计触发器（使用 4.2.1 节程序），给出程序设计、软件编译、仿真分析、硬件测试及详细实验过程。

（3）实验内容②：设计锁存器，同样给出程序设计、软件编译、仿真分析、硬件测试及详细实验过程。

（4）实验内容③：只用一个 1 位二进制全加器为基本元件和一些辅助的时序电路，设计一个 8 位串行二进制全加器，要求：

① 能在 8.9 个时钟脉冲后完成 8 位二进制数（加数被加数的输入方式为并行）的加法运算，电路须考虑进位输入 Cin 和进位输出 Cout；

② 给出此电路的时序波形，讨论其功能，并就工作速度与并行加法器进行比较。

（5）实验报告：分析比较实验内容①和②的仿真和实测结果，说明这两种电路的异同点。

5.20 用原理图输入法设计 8 位全加器。

（1）实验目的：熟悉利用 QuartusⅡ 的原理图输入方法设计简单组合电路，掌握层次化设计的方法，并通过一个 8 位全加器的设计掌握利用 EDA 软件进行原理图输入方式的电子线路设计的详细流程。

（2）实验原理：一个 8 位全加器可以由 8 个 1 位全加器构成，加法器间的进位可以利用串行方式实现，即将低位加法器的进位输出 cout 与相邻的高位加法器的最低进位输入信号 cin 相接。而一个 1 位全加器可以按照 4.3 节介绍的方法来完成。

（3）实验内容①：完成半加器和全加器的设计，包括原理图输入、编译、综合、适配、仿真、实验板上的硬件测试，并将此全加器电路设置成一个硬件符号入库。键 1、键 2、键 3（PIO0/1/2）分别接 ain、bin、cin；发光管 D2、D1（PIO9/8）分别接 sum 和 cout。

（4）实验内容②：建立一个更高层次的原理图设计，利用以上获得的 1 位全加器构成 8 位全加器，并完成编译、综合、适配、仿真和硬件测试。

（5）实验报告：详细叙述 8 位加法器的设计流程；给出各层次的原理图及其对应的仿真波形图；给出加法器的时序分析情况；最后给出硬件测试流程和结果。

5.21 用原理图输入法设计较复杂的数字系统

（1）实验目的：熟悉原理图输入法中 74 系列等宏功能元件的使用方法，掌握更复杂的原理图层次化设计技术和数字系统设计方法，完成 8 位十进制频率机的设计。

（2）原理说明：利用第 4 节介绍的 2 位计数器模块，连接它们的计数进位，用 4 个计数模块就能完成一个 8 位有时钟使能的计数器；对于测频控制器的控制信号，在仿真过程中应该注意它们可能出现的毛刺现象。最后按照设计流程和方法即可完成全部设计。

（3）实验内容：首先完成 2 位频率计的设计，然后进行硬件测试，建议选择电路模式 2；数码 2 和 1 显示输出频率值，待测频率 F_IN 接 clock0；测频控制时钟 CLK 接 clock2，若选择 clock2 = 8Hz，门控信号 CNT_EN 的脉宽恰好为 1 秒。然后建立一个新的原理图设计层次，在此基础上将其扩展为 8 位频率计，仿真测试该频率计待测信号的最高频率，并与硬件实测的结果进行比较。

（4）实验报告：给出各层次的原理图、工作原理、仿真波形图和分析，详述硬件实验过程和实验结果。

情景 6　VHDL 设计进阶

6.1　VHDL 语法要素

VHDL 语法同其他计算机编程语言类似，具有编程语言的基本特性，所以准确无误地理解和掌握 VHDL 语言的基本含义和用法对正确完成 VHDL 程序设计十分重要。

VHDL 语法要素主要有：
（1）VHDL 文字规则。
（2）数据对象（data objects）。
（3）数据类型（data type）。
（4）各类操作数（operands）。
（5）运算操作符（operator）。

6.1.1　VHDL 文字规则

1. 数字

1）整数文字

5，678，0，156E2（15600），12_345_678（12345678）

2）实数文字

188.993，88_670_551.453_909（88670551.453909），44.99E.2（0.4499）

3）以数制基数表示的文字

用这种方式表示的数由 5 部分组成：

基数#基于基数的整数[.基于该基的整数]#E 指数

第一部分，用十进制数标明数制进位的基数；

第二部分，数制隔离符号"#"；

第三部分，表达的文字；

第四部分，指数隔离符号"#"；

第五部分，用十进制表示的指数部分；如果指数是 0，可以省去不写。

```
d1 <= 10#170#           -- （十进制表示，等于 170）
d2 <= 16#FE#            -- （十六进制表示，等于 254）
d3 <= 2#1111_1110#      -- （二进制表示，等于 254）
d4 <= 8#376#            -- （八进制表示，等于 254）
```

d5 <= 16#E#E1   -- （十六进制表示，等于 2#1110000#，等于 224）

2. 字符与字符串

（1）字符是用单引号引起来的 ASCII 字符，可以是数值、符号或者字母。

（2）字符串则是一维的字符数组，必须放在双引号中。

（3）VHDL 中有 2 种类型的字符：

① 文字字符串是用双引号引起来的一串文字。

"ERROR"，"X"，"B B $ C C"，"VHDL"

② 数位字符串：也称位矢量，是预定义的数据类型 BIT 的一位数组，它们所代表的是二进制、八进制或十六进制的数组，其位矢量的长度即为等值的二进制数的位数。

基数符号有三种格式：

B：二进制基数符号。

O：八进制基数符号，每一个八进制数代表一个 3 位的二进制数。

X：十六进制基数符号，每一个十六进制数代表一个 4 位的二进制数。

例如：

data1 <= B"1_1101_1110"   -- 二进制数数组，位矢数组长度是 9
data2 <= O"15"   -- 八进制数数组，位矢数组长度是 6
data3 <= X"AD0"   -- 十六进制数数组，位矢数组长度是 12
data4 <= B"101_010_101_010"   -- 二进制数数组，位矢数组长度是 12
data5 <= "101_010_101_010"   -- 表达错误，缺 B
data6 <= "0AD0"   -- 表达错误，缺 X

3. 标识符

（1）有效的字符：包括 26 个大小写英文字母，数字 0～9 以及下划线"_"。

（2）任何标识符必须以英文字母开头。

（3）必须是单一下划线"_"，且其前后都必须有英文字母或数字。

（4）标识符中的英文字母不分大小写。

（5）VHDL 的保留字不能用于作为标识符使用。

以下是几种合法和非法标识符的示例。

合法的标识符：

Decoder_1，FFT，Sig_N，Not_Ack，State0

非法的标识符：

_Decoder_1   --起始为非英文字母

2 FET   --起始为数字

Not.RST   --符号"."不能作为标识符的构成

RyY_RST_   --标识符的最后不能是下划线

Data__BUS   --标识符中不能有双下划线

Begin　　　　　　　　　　--关键词不能作为标识符
resΩ　　　　　　　　　　--使用了无效字符"Ω"

4. 下标名

下标名用于指示数组型变量或信号的某一元素，而下标段名则用于指示数组型变量或信号的某一段元素，其语句格式如下：

数组类型信号名或变量名（表达式1 [TO/DOWNTO 表达式2]）；

例 6.1　下标名及下标段名应用实例。

```
SIGNAL a, b, c: BIT_VECTOR(0 TO 7);
SIGNAL m: INTEGER RANGE 0 TO 3;
SIGNAL y, z: BIT;
y <= a(m); --m 是不可计算型下标表示
z <= b(3); --3 是可计算型下标表示
c(0 TO 3) <= a(4 TO 7); --以段的方式进行赋值
c(4 TO 7) <= a(0 TO 3); --以段的方式进行赋值
```

6.1.2　数据对象

在 VHDL 中，数据对象（Data Objects）类似于一种容器，它接受不同数据类型的赋值。数据对象有四种，即常量（CONSTANT）、变量（VARIABLE）、信号（SIGNAL）和文件（FILE）。

1. 常量

常量的定义和设置主要是为了使设计实体中的常数更容易阅读和修改。例如，将位矢的宽度定义为一个常量，只要修改这个常量就能很容易地改变宽度，从而改变硬件结构。在程序中，常量是一个恒定不变的值，一旦做了数据类型的赋值定义后，在程序中不能再改变，因而具有全局意义。

常量的定义形式如下：

CONSTANT　常量名：数据类型[：=表达式]；

例如：

```
CONSTANT   fbt: STD_LOGIC_VECTOR：="010110";    --标准位矢类型
CONSTANT   vcc: REAL：=5.0;                      --实数类型
CONSTANT   dely: TIME：=25ns;                    --时间类型
```

VHDL 要求所定义的常量数据类型必须与表达式的数据类型一致。常量的数据类型可以是标量类型或复合类型，但不能是文件类型（File）或存取类型（Access）。

常量定义语句所允许的设计单元有实体、结构体、程序包、块、进程和子程序。在程序包中定义的常量可以暂不设具体数值，它可以在程序包体中设定。

常量的可视性，即常量的使用范围取决于它被定义的位置。在程序包中定义的常量具有最大全局化特征，可以用在调用此程序包的所有设计实体中；定义在设计实体中的常量，其有效范围为这个实体定义的所有的结构体；定义在设计实体的某一结构体中的常量，则只能用于此结构体；定义在结构体的某一单元的常量，如一个进程中，则这个常量只能用在这一进程中。

2. 变量

定义变量的语法格式如下：

```
VARIABLE 变量名：数据类型[:=初始值];
例如：
VARIABLE a        : INTEGER     RANGE     0    TO    15;
VARIABLE          b, c : INTEGER:=2;
VARIABLE          d    :STD_LOGIC;
```

变量赋值的一般表达式如下：

目标变量名：=表达式；

变量作为局部量时，其适用范围仅限于定义了变量的进程或子程序的顺序语句中。

变量赋值是一个理想化的过程，不存在任何延时。

变量定义语句中，设置初始值不是必需的，由于硬件电路上电后的随机性，所以综合器并不支持设置初始值。变量赋值的一般表达式如下：

目标变量名：=表达式

变量赋值符号是"：="，变量数值的改变是通过变量赋值来实现的。

例 6.2 变量赋值应用实例。

```
VARIABLE x, y: REAL;
VARIABLE a, b: STD_LOGIC_VECTOR（7 DOWNTO 0）
X: =100.0;
Y: =1.5+x;
A: ="10111011";
A(0 to 5): =b(2 to 7);
```

3. 信号

信号是描述硬件系统的基本数据类型，类似于电路内部的连接线。

信号作为一种数值容器，不但可以容纳当前的值，也可以保持历史值。这一属性与触发器的记忆功能有很好的对应关系。

信号的定义格式如下：

SIGNAL 信号名：数据类型[：=初始值];

信号初始值的设置不是必需的,而且初始值仅在 VHDL 的行为仿真中有效。与变量相比,信号的硬件特征更为明显,它具有全局特征。

除了没有方向说明以外,信号和实体的端口的概念是一致的。

对于实体信号,需要指定端口的数据流向。

对于信号,不需要指定数据流向,只是作为一个端口。

SIGNAL s1: STD_LOGIC: = '0';定义了一个标准位的单值信号 s1,初始值为低电平。

SIGNAL s2,s3: BIT;定义了两个位(BIT)的信号 s2 和 s3

信号的使用和定义范围是实体、结构体和程序包。在进程和子程序中不允许定义信号。在进程中只能将信号列入敏感表,不能将变量列入敏感表。

信号的赋值语句表达式如下:

目标信号名 < =表达式;

信号的使用和定义范围是实体、结构体和程序包。在进程和子程序中不允许定义信号。

例 6.3 信号赋值应用实例。

```
a<=y;
a<='1';
s1<=s2 after 10ns;
signal a, b, c, x, y: interger;
process ( a, b, c )
begin
            x<=a*b;
            y<=c.a;
            x<=b;
```

4. 进程中的信号与变量赋值

(1)信号赋值至少有 δ 延时,而变量赋值没有延时。

(2)信号除当前值以外有许多相关的信息,而变量只有当前值。

(3)进程对信号敏感而对变量不敏感。

(4)信号可以是多个进程的全局信号,而变量只在定义它们的顺序域可见(共享变量除外)。

(5)信号是硬件中连线的抽象描述,它们的功能是保存变化的数据和连接子元件,信号在元件的端口连接元件。变量在硬件中没有类似的对应关系,它们被用于硬件特性的高层次建模所需要的计算中。

(6)信号赋值和变量赋值分别使用不同的赋值符号"<="和": ="。信号类型和变量类型可以完全一致,并且也允许两者之间相互赋值,但前提是要保证两者的类型相同。

6.1.3 VHDL 数据类型

VHDL 有很强的数据类型，它对运算关系与赋值关系中的各操作数的数据类型有严格的要求。它要求设计实体中的每一个常量、信号、变量、函数以及设定的各种参量必须有确定的数据类型。

VHDL 的数据类型可以分为 4 大类：

（1）标量类型（Scalar type）：最基本的数据类型，用于描述单值数据对象，包括实数类型、整数类型、枚举类型、物理类型。

（2）复合类型（composite type）：由小的数据类型复合而成，数组型（Array）、记录型（Record）。

（3）存取类型（access type）：为给定的数据类型的数据对象提供存取方式。

（4）文件类型（file type）：用于提供多值存取类型。

1. VHDL 的预定义数据类型

（1）VHDL 的预定义数据类型都是在 VHDL 标准程序包 STANDARD 中定义的，在实际使用中，它会自动包含进 VHDL 源文件中，因此不必通过 USE 语句以显示调用。

（2）布尔（BOOLEAN）数据类型。

布尔数据类型常用来表示信号的状态或者总线的情况，它实际上是一个二值枚举数据类型。它的取值有 FALSE 和 TRUE 两种。综合器将一个二进制表示的 BOOLEAN 型变量或信号。

例：表达式 a>b 的结果就是布尔量 TRUE 或者 FALSE。综合器将其变为 '1' 或者 '0' 信号值。

2. 位（bit）数据类型

位数据类型也属于枚举类型，取值只能是 "1" 或 "0"，这个与整数的 1 或 0 不同。"1" 和 "0" 表示一个位的两种取值。VHDL 综合器用一个二进制位表示 BIT。

```
CONSTANT C: BIT: ='1';
VARIABLE Q: BIT: ='0';
SIGNAL A, B: BIT;
```

3. 位矢量（BIT_VECTOR）数据类型

位矢量只是基于 BIT 数据类型的数组，它是使用双引号括起来的一组位数据，如 "10110101"。

例：SIGNAL a: BIT_VECTOR（7 TO 0）。信号 a 被定义为一个具有 8 位宽的矢量，最左边 a（7），最右边 a（0）。

4. 字符数据类型

字符是类型通常用单引号引起来，如 'A'。字符类型区分大小写。

例：'a' 和 'A'

5. 整数数据类型

整数类型的整数与数学中的定义相同，但是它的描述范围有限。在 VHDL 中可以使用 32 位有符号的二进制数表示，在实际应用中，VHDL 仿真器将 INTEGER 作为有符号数，而综合器将 INTEGER 作为无符号数处理。

例：SIGNAL type: INTEGER RANGE 0 TO 15，表示 type1 取值范围为 0~15 共 16 个数，将被综合成 4 条信号线构成的信号。

```
2
10E4
16#D2#
2#11011110#
```

6. 自然数和正整数

自然数是整数的一个子类型，非负的整数，即零和正整数。

正整数也是整数的一个子类，包括整数的非零和非负的数值。

7. 实数数据类型

VHDL 的实数类型类似于数学上的实数，或称为浮点数。

```
1.0                  十进制浮点数
0.0                  十进制浮点数
65971.333333         十进制浮点数
65_971.333_3333      与上一行等价
8#43.6#e+4           八进制浮点数
43.6E-4              十进制浮点数
```

通常情况下，实数类型仅能在 VHDL 仿真器中使用。VHDL 综合器不支持实数类型，因为实数类型的实现相当复杂，目前电路规模难以实现。

例如：1 表示整数，1.0 表示实数，综合器无法实现。

8. 字符串数据类型

字符串数据类型是数据类型的非约束型数组。字符串必须使用双引号。

例：VARIABLE string_var: STRING（1TO 7）;

string_var: "a b c d";

9. 时间数据类型

VHDL 中唯一的预订物理类型是时间。完整的时间类型包括整数和物理量单位。

作用范围：利用时间类型数据表示信号延时。

整数和单位之间至少留一个空格。例如：

```
TYPE time IS RANGE －2147483647 TO 2147483647
    units
        fs ; -- 飞秒，VHDL 中的最小时间单位
        ps = 1000 fs;        -- 皮秒
        ns = 1000 ps;        -- 纳秒
        us = 1000 ns;        -- 微秒
        ms = 1000 us;        -- 毫秒
        sec = 1000 ms;       -- 秒
        min = 60 sec;        -- 分
        hr = 60 min;         -- 时
    end units;
```

10. 数组类型

TYPE 数组名 IS ARRAY（数组范围）OF 数据类型

```
TYPE stb IS ARRAY (7 DOWNTO 0) of STD_LOGIC;
TYPE x is (low, high);
TYPE data_bus IS ARRAY (0 TO 7, x) of BIT;
TYPE 数组名 IS ARRAY (数组下标名 RANGE) OF 数据类型;
```

例 6.4 数组应用实例。

```
LIBRARY IEEE;
USE IEEE.STD_LOGIC_1164.ALL;
USE IEEE.STD_LOGIC_UNSIGNED.ALL;
ENTITY  amp IS
    PORT (   a1, a2 : IN BIT_VECTOR(3 DOWNTO 0);
             c1, c2, c3 : IN STD_LOGIC_VECTOR (3 DOWNTO 0);
             b1, b2, b3 : INTEGER RANGE 0 TO 15;
             d1, d2, d3, d4 : OUT STD_LOGIC_VECTOR(3 DOWNTO 0)       );
    END amp;
    d1 <= TO_STDLOGICVECTOR(a1 AND a2);                      --(1)
    d2 <= CONV_STD_LOGIC_VECTOR(b1,4) WHEN CONV_INTEGER(b2)=9
             else    CONV_STD_LOGIC_VECTOR(b3,4);            --(2)
    d3 <= c1 WHEN CONV_INTEGER(c2)= 8 ELSE c3;               --(3)
       d4 <= c1 WHEN    c2 = 8 else c3;                      --(4)
```

11. 错误等级

错误等级类型数据表示系统的状态，在系统仿真时，反映当前的工作情况。

12. IEEE 预定义标准逻辑位与矢量

在 IEEE 库的程序包 STD_LOGIC_1164 中，定义了两个非常重要的数据类型，即标准逻辑位 STD_LOGIC 和标准逻辑矢量 STD_LOGIC_VECTOR。

（1）标准逻辑位 STD_LOGIC 数据类型。

以下是定义在 IEEE 库程序包 STD_LOGIC_1164 中的数据类型。

数据类型 STD_LOGIC 的定义如下所示：

TYPE STD_LOGIC IS ('U', 'X', '0', '1', 'Z', 'W', 'L', 'H', '-');

各值的含义是：'U'—未初始化的，'X'—强未知的，'0'—强0，'1'—强1，'Z'—高阻态，'W'—弱未知的，'L'—弱0，'H—弱1，'-'—忽略。

在程序中使用此数据类型前，需加入下面的语句：

LIBRARY IEEE;

USE IEEE.STD_LOGIC_1164.ALL;

由定义可见，STD_LOGIC 是标准的 BIT 数据类型的扩展，共定义了9种值。

（2）标准逻辑矢量（STD_LOGIC_VECTOR）数据类型。

STD_LOGIC_VECTOR 类型定义如下：

TYPE STD_LOGIC_VECTOR IS ARRAY (NATURA RANGE<>) OF STD_LOGIC;

在使用中必须严格考虑位矢的宽度。同位宽和数据类型的矢量间才能进行赋值。

描述总线信号，使用 STD_LOGIC_VECTOR 是最方便的，但需注意总线中的每一根信号线都必须定义为相同的数据类型 STD_LOGIC。

（3）其他预定义标准数据类型。

VHDL 综合工具配带的扩展程序包中，定义了一些有用的类型。如 Synopsys 公司在 IEEE 库中加入的程序包 STD_LOGIC_ARITH 中定义了如下的数据类型：无符号型（UNSIGNED）、有符号型（SIGNED）和小整型（SMAL_INT）。

在程序包 STD_LOGIC_ARITH 中的类型定义如下：

TYPE UNSIGNED IS ARRAY (NATURA RANGE <>) OF STD_LOGIC;

TYPE SIGNED IS ARRAY (NATURA RANGE<>) OF STD_LOGIC;

SUBTYPE SMALL_INT IS INTEGER RANGE 0 TO 1;

13. 数据类型的转换（见表 6.1）

表 6.1　数据类型的转换

程序包	函数名	功能
STD_LOGIC_1164	TO_STDLOGICVECTOR（A）	由 BIT_VECTOR 转换为 LOGIC_VECTOR
	TO_BITVECTOR（A）	由 STD_LOGIC_VECTOR 转换为 BIT_VECTOR

续表

程序包	函数名	功能
STD_LOGIC_1164	TO_STDLOGIC（A）	由 BIT 转换为 STD_LOGIC
	TO_BIT（A）	由 STD_LOGIC 转换为 BIT
STD_LOGIC_ARITH	CONV_STD_LOGIC_VECTOR（A，位长）	由 INTEGER、UNSIGNED、SIGNED 转换成 STD_LOGIC_VECTOR
	CONV_INTEGER（A）	由 UNSIGNED、SIGNED 转换成 INTEGER
STD_LOGIC_UNSIGNED	CONV_INTEGER（A）	由 STD_LOGIC_VECTOR 转换成 INTEGER

例 6.5 数据类型的限定。

```
signal a: bit_vector(11 downto 0);
signal b: std_logic_vector(11 downto 0);
a<=x"A8";
b<=x"A8";
b<=to_stdlogicvector(X"AF7");
b<=to_stdlogicvector(O"5177");
b<=to_stdlogicvector(B"1000_1111_0111");
signal a:std_logic_vector(7 downto 0);
a<="01101010";
判定为 std_logic_vector,不是 bit,也不是 std_logic
```

例 6.6 数据类型不确定。

```
case(a&b&c) is
when "001"=>y<="01111111";
when "010"=>y<="10111111"
强制转换
case std3bit'(a&b&c) is
```

6.1.4 VHDL 的操作符

1. VHDL 表达式

VHDL 的各种表达式由操作数和操作符组成。VHDL 操作符如表 6.2 所示，VHDL 操作符优先级如表 6.3 所示。

表 6.2　VHDL 操作符列表

类型	操作符	功能	操作数数据类型
算术操作符	+	加	整数
	-	减	整数
	&	并置	一维数组
	*	乘	整数和实数（包括浮点数）
	/	除	整数和实数（包括浮点数）
	MOD	取模	整数
	REM	取余	整数
	SLL	逻辑左移	BIT 或布尔型一维数组
	SRL	逻辑右移	BIT 或布尔型一维数组
	SLA	算术左移	BIT 或布尔型一维数组
	SRA	算术右移	BIT 或布尔型一维数组
	ROL	逻辑循环左移	BIT 或布尔型一维数组
	ROR	逻辑循环右移	BIT 或布尔型一维数组
	**	乘方	整数
	ABS	取绝对值	整数
关系操作符	=	等于	任何数据类型
	/=	不等于	任何数据类型
	<	小于	枚举与整数类型，及对应的一维数组
	>	大于	枚举与整数类型，及对应的一维数组
	<=	小于等于	枚举与整数类型，及对应的一维数组
	>=	大于等于	枚举与整数类型，及对应的一维数组
逻辑操作符	AND	与	BIT，BOOLEAN，STD_LOGIC
	OR	或	BIT，BOOLEAN，STD_LOGIC
	NAND	与非	BIT，BOOLEAN，STD_LOGIC
逻辑操作符	NOR	或非	BIT，BOOLEAN，STD_LOGIC
	XOR	异或	BIT，BOOLEAN，STD_LOGIC
	XNOR	异或非	BIT，BOOLEAN，STD_LOGIC
	NOT	非	BIT，BOOLEAN，STD_LOGIC
符号操作符	+	正	整数
	-	负	整数

表 6.3　VHDL 操作符优先级

运算符	优先级
NOT，ABS，**	最高优先级 ↑
*，/，MOD，REM	
+（正号），.（负号）	
+，.，&	
SLL，SLA，SRL，SRA，ROL，ROR	
=，/=，<，<=，>，>=	
AND，OR，NAND，NOR，XOR，XNOR	最低优先级

2．各种操作符的使用说明

（1）操作符之间的操作数相同原则。

（2）操作符之间的优先级别。当一个表达式中有两个以上的运算符，应该使用括号。

（3）VHDL 共有 7 种操作符：

AND，OR，NAND，NOR，XOR，XNOR，NOT

对于数组类型，按位进行相互作用。

通常如果只包含 AND，OR，XOR 这三个符号中的一种，不需要加括号；如果包含两种，或者其他操作符，必须加括号。

（4）关系操作符的作用是将相同数据类型的数据对象进行数值比较或关系排序判断，并将结果以布尔类型的数据表示出来，即 true 或 false 两种。

就综合而言，简单的比较运算在实现硬件结构时，比排序操作符构成的电路芯片资源利用率要高。

3．各类操作符应用举例

1）算数运算符

在 VHDL 语言中加法、减法、并置运算符都可以看成求和运算符。算术操作符分类如表 6.4 所示。加法、减法一般只能对整数类型数据进行运算，非整数类型数据需用到运算符重载。

表 6.4　算术操作符分类表

序号	类别	算术操作符分类
1	求和操作符（Adding operators）	+（加），.（减），&（并置）
2	求积操作符（Multiplying operators）	*，/，MOD，REM
3	符号操作符（Sign operators）	+（正），.（负）
4	混合操作符（Miscellaneous operators）	**，ABS
5	移位操作符（Shift operators）	SLL，SRL，SLA，SRA，ROL，ROR

例6.7 求和操作符应用实例1。

```
VARIABLE a, b, c, d, e, f : INTEGER RANGE 0 TO 255 ;
--.
a := b + c ;    d := e – f ;
```

例6.8 求和操作符应用实例2。

```
    PROCEDURE adding_e (a: IN INTEGER;   b: INOUT INTEGER ) IS
  --.
b := a + b ;
```

例6.9 求和操作符应用实例3。

```
PACKAGE example_arithmetic IS
    TYPE small_INt IS RANGE 0 TO 7 ;
END example_arithmetic ;
USE WORK.example_arithmetic.ALL ;
ENTITY arithmetic IS
    PORT (a, b : IN SMALL_INT ;
            c : OUT SMALL_INT) ;
END arithmetic ;
ARCHITECTURE example OF arithmetic IS
BEGIN
            c <= a + b ;
END example ;
```

2）求积操作符

求积操作符如图6.1所示。

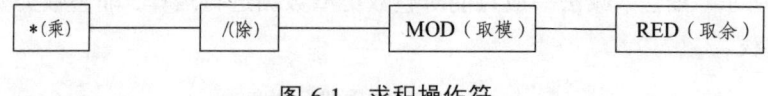

图6.1 求积操作符

除法对除数有一定的要求，除数和被除数应为整数类型。从综合优化和节省芯片资源的角度出发，选用时最好是利用综合软件所提供的乘法和除法模块。

mod 和 rem 的第一操作数和第二操作数的类型只能是整数类型，mod 和 rem 以及除法运算符不同的综合器支持的程度有很大区别，MAX+PLUS 对 mod 和 rem 的运算不支持，对除法仅部分支持，而 Quartus Ⅱ 中的综合器对 mod 和 rem 以及除法运算符支持得比较好。

例6.10 求积操作符应用实例1。

```
library ieee;
use ieee.std_logic_1164.all;
use ieee.std_logic_unsigned.all;
    entity tmod is port
    (a ,b : in integer range 0 to 127;
    c, d, e: out integer range 0 to 127
    );
end tmod;
   architecture amod of tmod is
     begin
  c<=a mod 13;
  d<= b /a;
  e<=a rem b;
end amod;
```

例 6.11 求积操作符应用实例 2。

```
library   ieee;
use ieee.std_logic_1164.all;
entity   tarith is port
( a   : in integer   range 0 to 10;
  s   :out integer   range 0 to 1000);
end   tarith;
    architecture   mx of tarith is
      begin
        s<=2**((a'right)/10);
end mx;
```

乘方运算符要求两个操作数都为常数或第一操作数为 2 才能综合。

大部分综合器对于乘方运算要求两个操作数都为常数，对于一般数据对象如输入接口、信号、变量等都不支持。

3) 符号操作符

z : = x* (- y);

例 6.12 混合操作符应用实例。

SIGNAL a, b : INTEGER RANGE - 8 to 7 ;
SIGNAL   c : INTEGER RANGE 0 to 15 ;
SIGNAL   d : INTEGER RANGE 0 to 3 ;

```
a <= ABS（b） ;
c <= 2 ** d ;
```

4）移位操作符

移位操作符有六种：sll、srl、sra、sla、rol 和 ror。它们都是在 VHDL_93 标准中新增的操作符，在 VHDL_87 标准中没有定义。在 VHDL 本身中要操作的数据对象是一维数组，且数据类型为 b 或 boolean 类型。其他如 std_logic、integer 等类型，在使用移位操作运算时需使用数据类型转换函数，将其他类型转换为 b 类型。当然也可以编写重载函数以支持其他数据类型的移位操作。

sll：逻辑左移，右边补零。
srl：逻辑右移，左边补零。
rol、ror：循环左、右移，移出的位用于依次填补移空的位。
sla、sra：算术移位操作符，其移空位用最初的首位来填补。

移位操作语句格式为：

数据对象, 移位操作符, 移位位数（整数）;

下面为移位操作符的使用实例：

```
variable   ma : b_vector(3 downto 0) :="1011"
ma  sll  1;   --(ma="0110")
ma  sll  3;   --(ma="1000")
ma  sll  .3;  --(ma="0001")
ma  srl  1;   --(ma="0101")
ma  srl  .2;  --(ma="1100")
ma  sla  1;   --(ma="0111")
ma  sla  3;   --(ma="1111")
ma  sla  .3;  --(ma="1111")
ma  rol  1;   --(ma="0111")
ma  rol  3;   --(ma="1101")
ma  ror  .3;  --(ma="1101")
```

VHDL 语言中由于有了移位操作，使得数据的位操作和处理变得极为方便。

例 6.13 移位操作符应用实例。

```
LIBRARY IEEE;
USE IEEE.STD_LOGIC_1164.ALL;
USE IEEE.STD_LOGIC_UNSIGNED.ALL;
ENTITY decoder3to8 IS
    port (   input: IN STD_LOGIC_VECTOR (2 DOWNTO 0);
             output: OUT BIT_VECTOR (7 DOWNTO 0));
```

```
END decoder3to8;
ARCHITECTURE behave OF decoder3to8 IS
BEGIN
output <=   "00000001" SLL CONV_INTEGER(input);    --被移位部分是常数！
END behave;
```

5）并置运算符

并置运算符的数据类型是一维数组，可以利用并置运算符将普通操作数或数组组合起来形成各种新的数组。例如："VH"&"DL"的结果为"VHDL"，'0'&'1'的结果为"01"。

例6.14 并置运算符的应用实例。

```
signal    a, d   : std_logic_vector（3 downto 0）;
signal    b, c, g : std_logic_vector（1 downto 0）;
signal    e:   std_logic_vector（2 downto 0）;
signal    f, h, I:   std_logic;
a<= not b & not c;
d<= not e & not   f;
```

注：在赋值语句中使用"&"时，等式的右边至少应有一个信号或变量。

6）关系运算符

VHDL语言中关系运算符有等于"="、不等于"/="、大于">"、大于等于">="、小于"<"、小于等于"<="六种。不同的关系运算符对运算符两边操作数的数据类型有不同的要求。其中"="和"/="可以适用所有类型的数据，其他关系运算符则可使用 integer、std_logic、std_logic_vector、bit、bit_vector 等，但关系运算符左右数据类型应相同，宽度也应相同。如下面的程序宽度不同，只能按自左至右的比较结果作为运算结果。

例6.15 关系运算符的应用实例1。

```
signal    a: std_logic_vector(3 downto 0);
signal    b: std_logic_vector(2 downto 0);
signal    c: std_logic_vector(3 downto 0);
a<="1010";
b<="111";
if   (a>b)   then
c<=a;
else
c<=b;
end if;
```

该例的结果是 c 得到了 b 的值，虽然"a=1010"从整体上说比"b=111"大，但由于 a、b 的宽度不同，因此在比较时只能按从高位到低位的方式进行。而 b 的第二位为'1'大于 a 的第二位'0'，因此总体结果为 b 大于 a。

例 6.16　关系运算符应用实例 2。

```
ENTITY relational_ops_1 IS
    PORT ( a, b : IN BIT _ VECTOR (0 TO 3) ;
         m : OUT BOOLEAN) ;
END relational_ops_1 ;
ARCHITECTURE example OF relational_ops_1 IS
BEGIN
    output <= (a = b) ;
END example ;
```

例 6.17　关系运算符应用实例 3。

```
ENTITY relational_ops_2 IS
    PORT (a, b : IN INTEGER RANGE 0 TO 3 ;
         m : OUT BOOLEAN) ;
END relational_ops_2 ;
ARCHITECTURE example OF relational_ops_2 IS
BEGIN
        output <= (a >= b) ;
END example ;
```

6.2　VHDL 语言顺序语句

VHDL 语言中语句主要分为两种：一种是并行执行环境下的语句，称为并行语句（concurrent statement）；另一种是在顺序执行环境下的语句，称为顺序语句。从语法结构上看，有些语句既能在顺序语句中使用，又能在并行语句中使用；有些则只能在顺序语句中使用，不能在并行语句中使用；有些只能在并行语句中使用，不能在顺序语句中使用。

顺序语句只能出现在进程、子程序中和过程中。VHDL 语言有六类基本顺序语句结构：

语句一：赋值语句。

语句二：流程控制语句。

语句三：等待语句。

语句四：子程序调用语句。
语句五：返回语句。
语句六：空操作语句。

6.2.1 赋值语句

1. 赋值语句

赋值包括信号和变量的赋值。

变量赋值语句和信号赋值语句的语法格式如下：

变量赋值目标：=赋值源；

信号赋值目标〈=赋值源；

变量赋值和信号赋值的区别在于：变量具有局部特征，它的有效范围只局限于所定义的一个进程，或一个子程序中，它是一个局部的、暂时性的数据对象。对于它的赋值是立即发生的，即是一种时间延时为零的赋值行为。

信号则不同，信号具有全局性特征，它不但可以作为一个涉及实体内部单元之间数据传送的载体，而且可以通过信号和其他的实体进行通信。信号的赋值并不是立即发生的，它发生在一个进程结束时。赋值过程总是有某种演示的，它反映了硬件系统的重要特性。综合后可以找到与信号对应的硬件结构，如一根传输线或 D 触发器。

在信号赋值中，需要注意的是：在同一进程中，可以允许同一信号有多个驱动源，当同一个信号赋值目标有多个赋值源，信号赋值目标获得的是最后一个赋值源的赋值。

例 6.18 赋值语句应用实例。

```
SIGNAL s1, s2: STD_LOGIC;
SIGNAL svec: STD_LOGIC_VECTOR(0 TO 3);
…
PROCESS(s1, s2)
VARIABLE v1, v2:STD_LOGIC;
BEGIN
  v1:='1';    --立即将变量 v1 置位为 1
  v2:='1';    --立即将变量 v2 置位为 1
  s1<='1';    --信号 s1 被赋值为 1
  s2<='1';    --s2 不是最后一个赋值语句不作任何操作
svec(0)<=v1;
--将变量 v1 在上面的赋值 1, 赋给 svec(0)
  svec(1)<=v2;
--将变量 v2 在上面的赋值 1, 赋给 svec(1)
  svec(2)<=s1;
--将信号 s1 在上面的赋值 1, 赋给 svec(2)
```

```
   svec(3)<=s2;
--将最下面的赋予 s2 的值'0',赋给 svec(3)
   v1:='0';
--将变量 v1 置入新值 0
   v2:='0';
--将变量 v2 置入新值 0
   s2:<='0';
--由于这是信号 s2 最后一次赋值,赋值有效,此'0'将上面准备赋入的'1'覆盖掉
END PROCESS;
```

2. 赋值目标

赋值语句中的赋值目标有两大类:

(1) 标识符赋值目标及数组单元素赋值目标。

s2:<='0';

(2) 段下标元素赋值目标及集合块赋值目标。

① 段下标元素赋值:

VARIABLE A,B:STD_LOGIC_VECTOR(0 TO 3);

A(1 TO 2):="10";

② 集合块赋值目标:

SIGNAL A,B,C,D:STD_LOGIC;

SIGNAL S:STD_LOGIC_VECTOR(0 TO 3);

S<="0100";

(A,B,C,D)<=S;

6.2.2 转向控制语句

1. IF 语句的 3 种形式

(1) IF 条件 THEN
        语句
          END IF;

(2) IF 条件 THEN
        语句
          ELSE
            语句
          END IF;

(3) IF 条件 THEN
        语句
          ELSIF 条件 THEN

语句
ELSE
语句
END IF；

例 6.19　4 位等值比较器描述方式 1。

```
LIBRARY IEEE;
USE IEEE. STD_LOGIC_1164.ALL;
ENTITY eqcomp4 IS
PORT(a, b : IN STD_LOGIC_VECTOR(3 downto 0);
equal : OUT STD_LOGIC);
END ENTITY;
ARCHITECTURE behave OF eqcomp4 IS
BEGIN
comp : PROCESS(a, b)
BEGIN
equal<='0';
IF a=b THEN
equal<='1';
END IF;
END PROCESS comp;
END behave;
```

例 6.20　4 位等值比较器描述方式 2。

```
ARCHITECTURE behave OF eqcomp4 IS
BEGIN
comp : PROCESS(a, b)
BEGIN
IF a=b THEN
equal<='1';
ELSE
equal<='0';
END IF;
END PROCESS comp;
END behave;
```

例 6.21　4 选 1 多路选择器描述方式 1。

```
library ieee;
use ieee.std_logic_1164.all;
entity mux4 is
port(a, b, c, d : in std_logic_vector(3 downto 0);
s:in std_logic_vector(1 downto 0);
x:out std_logic_vector(3 downto 0));
end mux4;
architecture behave of mux4 is
begin
mux4 : process(a, b, c, d)
begin
if s="00" then
x<=a;
elsif s="01" then
x<=b;
elsif s="10" then
   x<=c;
else
   x<=d;
end if;
end process mux4;
end behave;
```

2. CASE 语句

CASE 语句是 VHDL 提供的另一种形式的条件控制语句，它根据所给表达式的值来选择执行语句集。CASE 语句与 IF 语句的相同之处在于：它们都根据某个条件在多个语句中集中进行选择。CASE 语句与 IF 语句的不同之处在于：CASE 语句根据某个表达式的值来选择执行体。CASE 语句的一般形式如下：

```
CASE 表达式 IS
WHEN 值 1=>   语句 A;
WHEN 值 2=>   语句 B;
--.
WHEN OTHERS=>   语句 C;
END CASE
```

CASE 语句使用中应注意以下几点：

（1）WHEN 条件句中的选择值或标识符所代表的值必须在表达式的取值范围内。
（2）除非所有条件句中的选择值能完整覆盖 CASE 语句中表达式的取值，否则最后一个条件句中的选择值必须用关键词 OTHERS 表示以上条件句已列出的所有条件句中未能列出的其他可能的取值。
（3）CASE 语句中的选择值只能出现一次，不允许有相同选择值的条件语句出现。
（4）CASE 语句执行中必须选中，且只能选中所列出的条件语句中的一条。

例 6.22 4 选 1 多路选择器描述方式 2。

```
LIBRARY IEEE;
USE IEEE. STD_LOGIC_1164. ALL;
ENTITY test_case IS
PORT(
s1, s2 : IN STD_LOGIC;
a, b, c, d : IN STD_LOGIC;
z:OUT STD_LOGIC
);
END test_case;
ARCHITECTURE behave OF test_case IS
SIGNAL s:STD_LOGIC_VECTOR(1 DOWNTO 0);
    BEGIN
    S<=s1 & s2;
PROCESS(s1,s2,a,b,c,d)
        BEGIN
            CASE s IS    WHEN "00"=>z<=a;
WHEN    "01"=>z<=b;
WHEN    "10"=>z<=c;
WHEN    "11"=>z<=d;
WHEN    OTHERS =>z<='x';
            END CASE;
END PROCESS;
END behave;
```

3. LOOP 语句

LOOP 语句就是循环语句，它用于实现重复的操作，由 FOR 循环或 WHILE 循环组成。FOR 语句根据控制值的规定数目执行重复操作；WHILE 语句将连续执行操作，直到控制逻辑条件判断为 TRUE。下面给出 FOR 循环语句和 WHILE 循环语句的一般形式。

（1）单个 LOOP 语句，其语法格式如下：

```
    [ LOOP 标号: ] LOOP
顺序语句
        END LOOP [ LOOP 标号 ];
--.
L2 :  LOOP
        a : = a+1;
    EXIT L2 WHEN a >10 ; -- 当 a 大于 10 时跳出循环
        END LOOP L2;
--.
```

（2）FOR_LOOP 语句，语法格式如下：

```
[LOOP 标号:] FOR 循环变量, IN   循环次数范围   LOOP
    顺序语句
END LOOP [LOOP 标号];
```

FOR 循环语句中的循环变量的值在每次循环中都将发生变化，而 IN 后面的循环次数范围则表示循环变量在循环过程中依次取值的范围。

例 6.23 4 位奇偶校验发生器。

奇偶校验法是对数据传输正确性的一种校验方法。所涉及的奇偶校验逻辑电路是用来表示传输的数据中"1"的个数是奇数还是偶数，为奇数时，校验位置为"1"，否则置为"0"。例如，需要传输"1101"，数据中含 3 个"1"，所以其奇校验位为"1"，需要传输"1111"，数据中含 4 个"1"，所以其偶校验位为"0"。写出该电路的真值表，如表 6.5 所示。

表 6.5 4 位奇偶校验发生器真值表

输入				输出
A	B	C	D	Y
0	0	0	0	0
0	0	0	1	1
0	0	1	0	1
0	0	1	1	0
0	1	0	0	1
0	1	0	1	0
0	1	1	0	0
0	1	1	1	1
1	0	0	0	1
1	0	0	1	0

续表

输入				输出
1	0	1	0	0
1	0	1	1	1
1	1	0	0	0
1	1	0	1	1
1	1	1	0	1
1	1	1	1	0

备注：A，B，C，D 分别为校验器的四个输入端，Y 时校验器的输出端。

```
--******************************************
LIBRARY IEEE;
USE IEEE.STD_LOGIC_1164.ALL;
USE IEEE.STD_LOGIC_ARITH.ALL;
USE IEEE.STD_LOGIC_UNSIGNED.ALL;
--******************************************
ENTITY CH3_2_1 is
PORT(D: IN Std_Logic_Vector(0 To 2);
    Z: OUT Std_Logic_Vector(0 To 3));
END CH3_2_1;
--******************************************
ARCHITECTURE a OF CH3_2_1 IS
BEGIN
Process(D)
Variable Tmp : Std_Logic ;
Begin
Tmp := '0';
For I In 0 to 2 Loop
Tmp := Tmp XOR D(I);
End Loop;
Z <= D & Tmp ;
End Process;
END a;
```

例 6.24　8 位奇偶校验电路。

```
LIBRARY IEEE;
USE IEEE. STD_LOGIC_1164. ALL;
```

```
ENTITY p_check IS
    PORT(a : IN STD_LOGIC_VECTOR(7 DOWNTO 0);
         Y : OUT STD_LOGIC);
END p_check;
ARCHITECTURE behave OF p_check IS
    SIGNAL tmp : STD_LOGIC;
BEGIN
    PROCESS(a)
    BEGIN
        tmp<='0';
        FOR n IN 0 TO 7 LOOP                        --FOR 循环语句
          tmp<=tmp XOR a(n);
        END LOOP;
        y<=tmp;
    END PROCESS;
END behave;
```

4. NEXT 语句

有时候由于某种情况，需要跳出循环，而去执行另外的操作，这时就需要采用跳出循环的操作。VHDL 语言提供了两种跳出循环的操作：一种是 NEXT 语句，另一种是 EXIT 语句。NEXT 语句主要用于在 LOOP 语句执行中有条件的或无条件的转向控制。它的语句格式有以下三种：

（1）NEXT；

（2）NEXT LOOP 标号；

（3）NEXT LOOP 标号 WHEN 条件表达式。

例 6.25　NEXT 语句应用实例 1。

```
l1 : for cnt_value in 1 to 8 loop
s1 : a(cnt_value):='0';
next when (b=c);
s2 : a(cnt_value+8) : ='0';
end loop l1;
```

例 6.26　NEXT 语句应用实例 2。

```
l_x : for cnt_value in 1 to 8 loop
s1 : a(cnt_value) : ='0';
k : =0;
l_y : loop
```

```
s2 : b(k):='0';
next l_x when (e>f);
s3 : b(k+8):='0';
k : =k+1;
next loop l_y;
next loop l_x;
```

5. EXIT 语句

EXIT 语句与 NEXT 语句具有十分相似的语句格式和跳转功能，它们都是 LOOP 语句的内部循环控制语句。EXIT 的语句格式也有三种：

（1）EXIT；

（2）EXIT LOOP 标号；

（3）EXIT LOOP 标号 WHEN 条件表达式。

例 6.27　EXIT 语句应用实例。

```
signal a, b : std_logic_vector(1 downto 0);
signal a_less_then_b : boolean;
a_less_then_b<=false;
for i in 1 downto 0 loop
if(a(i)='1' and b(i)='0') then
a_less_then_b<=false;
exit;
elsif(a(i)='0' and b(i)='1') then
a_less_then_b<=true;
exit;
else null;
end if;
```

6. WAIT 语句

```
WAIT;                          -- 第一种语句格式
WAIT ON 信号表；                -- 第二种语句格式
WAIT UNTIL 条件表达式；         -- 第三种语句格式
WAIT FOR 时间表达式；           -- 第四种语句格式，超时等待语句
```

例 6.28　WAIT 语句应用实例 1。

```
SIGNAL s1, s2 : STD_LOGIC;
--.
PROCESS
```

BEGIN
--.
WAIT ON s1, s2 ;
END PROCESS ;

例 6.29 WAIT 语句应用实例 2。

(a) WAIT_UNTIL 结构   (b) WAIT_ON 结构
--.   LOOP
Wait until enable ='1';   Wait on enable;
    --.   EXIT WHEN enable ='1';
END LOOP;
WAIT UNTIL   信号=Value ;   -- (1)
WAIT UNTIL   信号'EVENT AND   信号=Value;   -- (2)
WAIT UNTIL   NOT 信号'STABLE AND   信号=Value;   -- (3)
WAIT UNTIL clock ='1';
WAIT UNTIL rising_edge(clock)   ;
WAIT UNTIL NOT clock'STABLE AND clock ='1';
WAIT UNTIL clock ='1' AND clock'EVENT;

例 6.30 WAIT 语句应用实例 3。

PROCESS
BEGIN
    WAIT UNTIL clk ='1';
        ave <= a;
    WAIT UNTIL clk ='1';
        ave <= ave + a;
    WAIT UNTIL clk ='1';
        ave <= ave + a;
    WAIT UNTIL clk ='1';
        ave <= (ave + a)/4 ;
END PROCESS ;

例 6.31 WAIT 语句应用实例 4。

PROCESS
BEGIN
   rst_loop :   LOOP
   WAIT UNTIL clock ='1' AND clock'EVENT;   -- 等待时钟信号

```
            NEXT rst_loop WHEN (rst='1');           -- 检测复位信号 rst
            x <= a ;                                -- 无复位信号，执行赋值操作
            WAIT UNTIL clock ='1' AND clock'EVENT;  -- 等待时钟信号
            NEXT rst_loop When (rst='1');           -- 检测复位信号 rst
            y <= b                                  -- 无复位信号，执行赋值操作 END LOOP rst_loop ;
END PROCESS;
```

例6.32　WAIT 语句应用实例5。

```
LIBRARY IEEE;
USE IEEE. STD_LOGIC_1164.ALL;
ENTITY shifter IS
    PORT ( data : IN STD_LOGIC_VECTOR (7 DOWNTO 0);
        shift_left : IN STD_LOGIC;
        shift_right : IN STD_LOGIC;
            clk : IN STD_LOGIC;
reset : IN STD_LOGIC;
     mode : IN STD_LOGIC_VECTOR (1 DOWNTO 0);
     qout : BUFFER STD_LOGIC_VECTOR (7 DOWNTO 0) );
END shifter;
ARCHITECTURE behave OF shifter IS
    SIGNAL enable: STD_LOGIC;
    BEGIN
    PROCESS
    BEGIN
    WAIT UNTIL (RISING_EDGE(clk) );        --等待时钟上升沿
        IF (reset = '1') THEN     qout <= "00000000";
            ELSE     CASE mode IS
 WHEN "01" => qout<=shift_right & qout(7 DOWNTO 1); --右移
 WHEN "10" => qout<=qout(6 DOWNTO 0) & shift_left; --左移
            WHEN "11" => qout <= data;            -- 并行加载
            WHEN OTHERS => NULL;
            END CASE;
        END IF;
    END PROCESS;
END behave;
```

7. 子程序调用语句

1) 过程调用

过程名[([形参名=>]实参表达式
    {, [形参名=>]实参表达式})];

例 6.33 过程调用应用实例 1。

```vhdl
PACKAGE data_types IS                              -- 定义程序包
SUBTYPE data_element IS INTEGER RANGE 0 TO 3 ;--  定义数据类型
TYPE data_array IS ARRAY (1 TO 3) OF data_element;
END data_types;
USE WORK. data_types.ALL; --打开以上建立在当前工作库的程序包 data_types
ENTITY sort IS
    PORT ( in_array : IN   data_array ;
           out_array : OUT data_array);
END sort;
    ARCHITECTURE exmp OF sort IS
    BEGIN
PROCESS (in_array)     -- 进程开始,设 data_types 为敏感信号
    PROCEDURE swap(data : INOUT data_array;
                                 -- swap 的形参名为 data、low、high
           low, high :    IN INTEGER ) IS
    VARIABLE      temp :  data_element ;
    BEGIN                    -- 开始描述本过程的逻辑功能
       IF (data(low) > data(high)) THEN -- 检测数据
           temp := data(low) ;
           data(low) := data(high);
           data(high) := temp ;
           END IF ;
      END swap ;                       -- 过程 swap 定义结束
    VARIABLE my_array : data_array ;   -- 在本进程中定义变量 my_array
    BEGIN                              -- 进程开始
    my_array : = in_array ;            -- 将输入值读入变量
     swap(my_array, 1, 2);
  -- my_array、1、2 是对应于 data、low、high 的实参
     swap(my_array, 2, 3);   -- 位置关联法调用, 第 2、第 3 元素交换
     swap(my_array, 1, 2);   -- 位置关联法调用, 第 1、第 2 元素再次交换
    out_array <= my_array ;
```

```
        END Process ;
END exmp ;
```

例 6.34 过程调用应用实例 2。

```
ENTITY sort4 is
GENERIC (top : INTEGER :=3);
    PORT (a, b, c, d : IN BIT_VECTOR (0 TO top);
        ra, rb, rc, rd : OUT BIT_VECTOR (0 TO top));
END sort4;
ARCHITECTURE muxes OF sort4 IS
PROCEDURE sort2(x, y : INOUT BIT_VECTOR (0 TO top)) is
    VARIABLE tmp : BIT_VECTOR (0 TO top);
BEGIN
    IF x > y THEN   tmp := x;   x := y;       y := tmp;
        END IF;
END sort2;
BEGIN
    PROCESS (a, b, c, d)
    VARIABLE va, vb, vc, vd : BIT_VECTOR(0 TO top);
BEGIN
        va := a;    vb := b; vc := c;    vd := d;
        sort2(va, vc);
        sort2(vb, vd);
        sort2(va, vb);
        sort2(vc, vd);
        sort2(vb, vc);
        ra <= va;       rb <= vb;   rc <= vc;   rd <= vd;
    END PROCESS;
END muxes;
```

2）函数调用

RETURN 语句

```
RETURN ;           -- 第一种语句格式
RETURN 表达式；    -- 第二种语句格式
```

例 6.35 函数调用应用实例 1。

```
PROCEDURE rs (SIGNAL s ,   r :   IN    STD_LOGIC ;
```

```
                SIGNAL q , nq : INOUT STD_LOGIC) IS
BEGIN
    IF ( s ='1' AND r ='1') THEN
    REPORT "Forbidden state : s and r are quual to '1'";
    RETURN ;
    ELSE
    q <= s AND nq AFTER 5 ns ;
    nq <= s AND   q AFTER 5 ns ;
    END IF ;
END PROCEDURE rs ;
```

例 6.36 函数调用应用实例 2。

```
FUNCTION opt (a, b, opr : STD_LOGIC)    RETURN    STD_LOGIC IS
BEGIN
IF (opr ='1') THEN      RETURN (a AND b);
            ELSE    RETURN (a OR b) ;
    END IF ;
END FUNCTION opt ;
CASE Opcode IS
        WHEN   "001" =>   tmp := rega AND regb ;
        WHEN   "101" =>   tmp := rega OR regb ;
        WHEN   "110" =>   tmp := NOT rega ;
        WHEN OTHERS   =>   NULL ;
    END CASE ;
```

6.3　VHDL 并行语句

在 VHDL 中，各种并行语句在结构中的执行都是同步进行的，或者说是并行运行的。其执行方式与书写顺序无关。在执行中，并行语句之间可以有信息交流，也可以互为独立、互不相关，或者异步运行。

并行语句在结构体中的使用格式如下：

```
ARCHITECTURE 结构体名 OF   实体名 IS
        说明语句
        BEGIN
```

并行语句；
　　END ARCHITECTURE 结构体名；

结构体中的并行语句主要有：进程语句、并行信号赋值语句、块语句、元件例化语句、生成语句、并行过程调用语句等。

6.3.1 进程语句（PROCESS）

进程语句是最具 VHDL 语言特色的语句。因为它提供了一种用算法描述硬件行为的方法。进程内部为顺序事件，一个结构体可以包含多个并行运行的进程结构。

PROCESS 语句格式
　　PROCESS 语句的表达格式如下：
　　[进程标号：]PROCESS[（敏感信号参数表）][IS]
　　[进程说明部分]
　　BEGIN
　　　　顺序描述语句
　　END PROCESS[进程标号]；

进程的设计需要注意以下几方面的问题：

（1）虽然同一结构体中的进程之间是并行运行的，但同一进程中的逻辑描述语句则是顺序运行的，因而在进程中只能设计放置顺序语句。

（2）进程的激活必须由敏感信号表中定义的任一敏感信号的变化来启动，否则必须有一显式的 WAIT 语句来激活。

（3）结构体中多个进程之所以能并行同步运行，一个很重要的原因是进程之间的通信是通过传递信号和共享变量值来实现的。

（4）进程是重要的建模工具。进程结构不但为综合器所支持，而且进程的建模方式将直接影响仿真和综合结果。

例 6.37　进程的应用实例。

```
ENTITY mul IS
PORT(a, b, c, selx, sely : IN BIT;
     data_out : OUT BIT);
END mul;
ARCHITECTURE ex OF mul IS
SIGNAL temp:BIT;
BEGIN
p_a:PROCESS(a,b,selx)
    BEGIN
```

```
    IF(SELX='0')THEN temp<=a;
     ELSE temp<=b;
     END IF;
   END PROCESS p_a;
   p_b:PROCESS(temp,c,sely)
          BEGIN
            IF (sely='0') THEN          data_out<=temp;
             ELSE data_out<=c;
              END IF;
   END PROCESS p_b;
   END ex;
```

6.3.2 并行信号赋值语句

1. 简单信号赋值语句

简单信号赋值语句是 VHDL 并行语句结构最基本的单元,它的语句格式如下:

```
赋值目标<=表达式;
```

2. 条件信号赋值语句

作为另一种并行赋值语句,条件信号赋值语句的表达方式如下:

```
赋值目标<=表达式 1 WHEN  赋值条件 1 ELSE
         表达式 2 WHEN 赋值条件 2   ELSE
                 ⋮
              表达式 n;
```

例 6.38 条件信号赋值应用实例。

```
ENTITY mux IS
   PORT(a, b, c : IN BIT;
         p1, p2:IN BIT;
              z: OUT BIT);
END mux;
ARCHITECTURE behave OF mux IS
   BEGIN
     z<=a WHEN p1='1' ELSE
         b WHEN p2='1' ELSE
         c;
END;
```

3. 选择信号赋值语句

选择信号赋值语句的语句格式如下：

```
WITH 选择表达式 SELECT
赋值目标信号<=表达式 1 WHEN 选择值 1,
           表达式 2 WHEN 选择值 2,
                  ⋮
           表达式 n  WHEN 选择值 n;
```

例 6.39 选择信号赋值应用实例。

```
LIBRARY IEEE;
USE IEEE. STD_LOGIC_1164.ALL;
USE IEEE. STD_LOGIC_UNSIGNED.ALL;
ENTITY decoder IS
   PORT(a, b, c :IN STD_LOGIC;
        data1, data2 : IN STD_LOGIC;
        dataout : OUT STD_LOGIC);
END decoder;
ARCHITECTURE concunt OF decoder IS
   SIGNAL instruction: STD_LOGIC_VECTOR(2 DOWNTO 0);
BEGIN
instruction<=c&b&a;
    WITH instruction SELECT
dataout<=data1 AND data2 WHEN "000",
data1 OR data2      WHEN "001",
data1 NAND data2    WHEN "010",
data1 NOR data2     WHEN "011",
data1 XOR data2     WHEN "100",
data1 XNOR data2    WHEN "101",
'Z'                 WHEN  OTHERS;
END concunt;
```

6.3.3 块语句结构(BLOCK)

块标号：BLOCK[（块保护表达式）]
说明语句

> BEGIN
> 　并行语句
> END BLOCK 块标号；

利用 BLOCK 语句可以将结构体中的并行语句划分多个并列方式 BLOCK，每一个 BLOCK 都像一个独立的设计实体，具有自己的类属参数说明和界面端口，以及与外部环境的衔接描述。

注意：

作为一个 BLOCK 语句，在关键词 BLOCK 前面必须设置一个块标号，并在结尾 END BLOCK 右侧写上此标号，此处标号不是必须的。

1. 块语句（Block）

例 6.40　半加器与半减器组合电路实例。

块（BLOCK）语句是一种将结构体中的并行描述语句进行组合的方法，其主要目的是改善并行语句及其结构的可读性，或是利用 BLOCK 的保护表达式关闭某些信号。

设计电路实现半加器和半减器两个功能，其组合电路图如图 6.2 所示，功能真值表如表 6.6 所示。

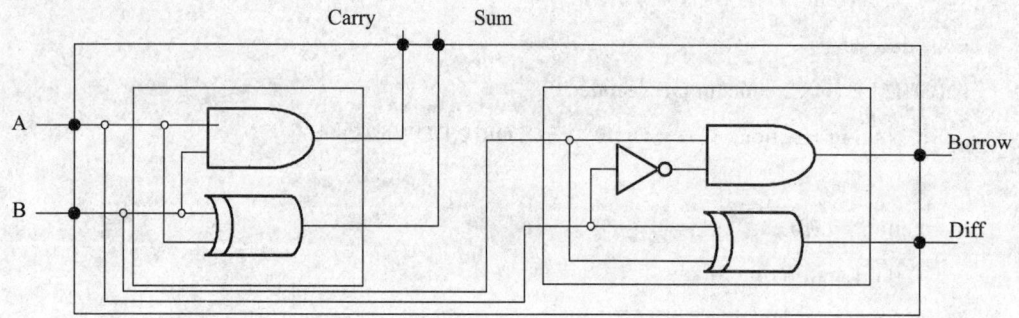

图 6.2　半加器与半减器组合电路图

表 6.6　半加器与半减器真值表

输入值		半加器		半减器	
A	B	Sum	Carry	Diff	Borrow
0	0	0	0	0	0
0	1	1	0	1	1
1	0	1	0	1	0
1	1	0	1	0	0

```
--************************************
LIBRARY IEEE;
USE IEEE.STD_LOGIC_1164.ALL;
USE IEEE.STD_LOGIC_UNSIGNED.ALL;
```

```
--*******************************************
ENTITY CH3_3_1 is
PORT(A, B: IN Std_Logic;
Carry, Sum, Borrow, Difference : OUT Std_Logic);
END CH3_3_1;
--*******************************************
ARCHITECTURE a OF CH3_3_1 IS
BEGIN
Half_Adder : Block    -- Half Adder
Begin
Sum <= A Xor B;
Carry <= A and B;
End Block Half_Adder;
Half_Subtractor: Block                          -- Half Subtractor
Begin
Difference <= A Xor B;
Borrow <= Not A and B;
End Block Half_Subtractor;
END a;
```

2. 语法说明：

（1）Block 语句的存在，增强了程序的可读性，使程序具有模块化结构，与 C 语言的复合语句类似。

（2）Block 语句属并行同时语句。

（3）Block 语句语法格式为：

```
块名称: Block
[数据对象定义区]
Begin
语句行 1
…………
End Block   块名称;
```

6.3.4 并行过程调用语句

并行过程调用语句可以作为一个并行语句直接出现在结构体或块语句中。并行过程调用语句的功能等效于只有一个过程调用的进程。

过程参数的模式只能为 IN、OUT、INOUT，当参数之一改变时，过程调用就会被激活。并行过程调用语句的语句调用格式与顺序过程调用语句是相同的。

[过程标号：]过程名（关联参量名）；

例6.41 并行过程调用语句应用实例。

```
entity decoder is
port(a, b, c : in std_logic;
q:out std_logic);
end decoder;
architecture behave of decoder is
procedure max(ina, inb : in std_logic;
signal ou : out std_logic) is
variable temp : std_logic;
begin
if (ina<inb) then
temp : =inb;
else
temp : =ina;
end if;
ouc<=temp;
end max;
signal temp1, temp2 : std_logic;
begin
max(a, b, temp1);
max(temp1, c, temp2);
q<=temp2;
end behave;
```

6.3.5 元件例化语句

元件例化意味着当前结构体内定义了一个新的设计层次，这个设计层次的总称叫元件。它可以以不同的形式出现，这个元件可以是一个设计好的 VHDL 设计实体；可以是来自 FPGA 元件库中的元件；它可能是以别的硬件描述语言，如 VERILOG 设计的实体；元件可以是 IP 核，或是 FPGA 中的嵌入式硬 IP 核。

元件例化语句可以由两部分组成：第一部分是把一个现成的设计实体定义为一个元件，第二部分则是此元件与当前设计实体中的链接说明部分：

```
COMPONENT 元件名  IS
GENERIC  (类属表);
PORT(端口名表)
```

```
END COMPONENT 元件名;
例化名：元件名 PORT MAP(
[端口名]=>连接端口名,
)
```

例 6.42 四位全加器组件语句实例。

多位加法器的构成有两种方式：并行进位和串行进位方式。并行进位加法器设有并行进位产生逻辑，运算速度快；串行进位方式是将全加器级联构成多位加法器。通常，并行加法器比串行级联加法器占用更多的资源，并且随着位数的增加，相同位数的并行加法器比串行加法器的资源占用差距也会越来越大。

四位全加器可对两个多位二进制数进行加法运算，同时产生进位。当两个二进制数相加时，较高位相加时必须加入较低位的进位项，以得到输出为和和进位。

其原理图如图 6.3 所示，对应功能真值表 6.7 所示。

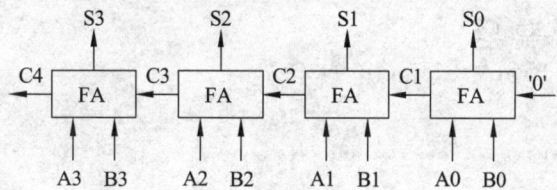

图 6.3 四位全加器组件图

表 6.7 四位全加器真值表：

输入			输出	
A	B	C	Carry	Sum
0	0	0	0	0
0	0	1	0	1
0	1	0	0	1
0	1	1	1	0
1	0	0	0	1
1	0	1	1	0
1	1	0	1	0
1	1	1	1	1

全加器布尔表达式：

Sum = A xor B xor C

Carry <= (A and B)or(A and C)or(B and C);

-- ***

LIBRARY IEEE;

```vhdl
USE IEEE. STD_LOGIC_1164. ALL;
USE IEEE. STD_LOGIC_UNSIGNED. ALL;
--**********************************************
ENTITY FullAdder is
Port (A : IN    Std_Logic;
      B : IN    Std_Logic;
      C : IN    Std_Logic;
      Carry : INOUT Std_Logic;
       Sum : OUT    Std_Logic);
END FullAdder;
--**********************************************
ARCHITECTURE a OF FullAdder IS
BEGIN
   Sum <= A Xor B Xor C;
   Carry <= (A and B)or(A and C)or(B and C);
END a;
-- **********************************************
LIBRARY IEEE;
USE IEEE. STD_LOGIC_1164. ALL;
USE IEEE. STD_LOGIC_UNSIGNED. ALL;
--**********************************************
ENTITY Ch3_3_2 is
PORT(A, B : IN Std_Logic_Vector(3 Downto 0);
     S : OUT Std_Logic_Vector(3 Downto 0);
     C : INOUT Std_Logic_Vector(4 Downto 0) );
END Ch3_3_2;
--**********************************************
ARCHITECTURE a OF Ch3_3_2 IS
Component FullAdder
Port ( A : IN Std_Logic;
       B : IN Std_Logic;
       C : IN    Std_Logic;
       Carry  : INOUT   Std_Logic;
       Sum : OUT    Std_Logic   );
End Component;
ARCHITECTURE a OF Ch3_3_2 IS
Component FullAdder
```

```
    Port (A : IN Std_Logic;
     B : IN   Std_Logic;
     C : IN Std_Logic;
     Carry : OUT   Std_Logic;
     Sum : OUT   Std_Logic   );
  End Component;
  BEGIN
  U0 : Fulladder Port Map (A(0), B(0), C(0), C(1), S(0));
  U1 : Fulladder Port Map (A(1), B(1), C(1), C(2), S(1));
  U2 : Fulladder Port Map (A(2), B(2), C(2), C(3), S(2));
  U3 : Fulladder Port Map (A(3), B(3), C(3), C(4), S(3));
  C(0) <= '0';
  END a;
```

语法说明：

（1）INOUT 为输入输出双向口端口模式。

（2）Block 语句增强了程序的可读性，使程序具有模块化结构，但是使用该语句不能加强代码的可重复利用率。

（3）Component 语句具有 Block 语句功能的同时，加强了代码的可重复利用率，它类似 C 语言中的函数。

（4）Component 语句属并行同时语句。

（5）Component 语句声明的语法格式为：

```
Component 组件定义名
PORT(   组件定义端口 1 名：端口 1 模式   数据类型
            组件定义端口 2 名：端口 2 模式   数据类型
                                ……
                                            );
END Component;
```

（6）Component 语句在声明的过程中，定义组件的名称一定要与被调用组件实体定义的相应名称相同。

（7）Component 语句引用的格式为：

组件名：组件定义名   Port Map 语句

（8）Port Map 语句是 Component 语句的附属语句。

（9）Port Map 语句引用的语法格式为：

```
Port Map(信号 A1, 信号 B1, ……);
```

或：

Port Map(声明引脚信号1=>信号A1,声明引脚信号2=>信号B1,……　);

（10）Port Map 语句引用的语法中的 => 表示一种映射关系这一点要与其他地方的 => 或 <= 分清。

（11）在程序中 C 共有 5 位，而且中间位置的 C(i) 既是后级的输出又是前级的输入，所以要定义为 INOUT 类型。

6.3.6　生成语句

生成语句可以简化为有规则设计结构的逻辑描述，适用于高重复电路。

生成语句有一种复制作用，根据设定好的单元，复制一组完全相同的电路结构。

生成语句格式有如下两种形式：

（1）[标号：]FOR　循环变量　IN 取值范围　GENERATE

说明

BEGIN

并行语句

END GENERATE [标号];

（2）[标号：] IF　条件　GENERATE

说明

BEGIN

并行语句

END GENERATE [标号];

1. 移位寄存器

例 6.43　移位寄存器应用实例。

建立一个移位模式可控的 8 位移位寄存器，是用 CASE 语句设计的并行输入输出移位寄存器。利用进程的顺序语句构成了时序电路，同时又利用了信号赋值的并行特点实现了移位。其原理图如图 6.4 所示。

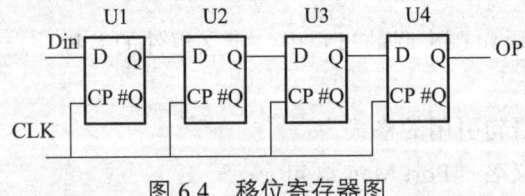

图 6.4　移位寄存器图

```
--**************************************
LIBRARY IEEE;
USE IEEE.STD_LOGIC_1164.ALL;
```

```
USE IEEE. STD_LOGIC_ARITH. ALL;
USE IEEE. STD_LOGIC_UNSIGNED. ALL;
LIBRARY Altera;
USE Altera. maxplus2. all;
--*******************************************
ENTITY CH3_4_1 is
PORT(Din, Clk, Clrn, Prn : IN Std_Logic;
     Q1, Q2, Q3, Q4 : OUT   Std_Logic );
END CH3_4_1;
--*******************************************
ARCHITECTURE a OF CH3_4_1 IS
Signal Di : Std_Logic_Vector(0 To 4);
BEGIN
Di(0) <= Din;
Shift_Gen: For I In 0 To 3 Generate
Shift_D : Dff Port Map (d=>Di(I), CLK=>CLK, clrn=>Clrn, prn=>Prn, q=>Di(I+1));
End Generate;
Q1 <= Di(1);
Q2 <= Di(2);
Q3 <= Di(3);
Q4 <= Di(4);
END a;
```

语法说明：
（1）For.Generate 语句特别适合高重复性电路设计。
（2）For.Generate 语句语法格式为：

标记名:For I In 起始值 To 结束值 Generate
[组件标题：组件名称 Port Map (……);]
          命令语句
End Generate [标记名];

（3）For.Generate 语句经常配合 Component 语句使用。
（4）本实例引用了 Altera 公司元件库中的 D 触发器，引用形式为：

LIBRARY Altera;
USE Altera.maxplus2.all;

（5）被引用 D 触发器逻辑符号如图 6.5 所示。

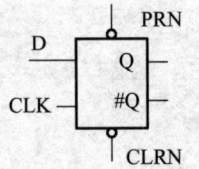

图 6.5 D 触发器逻辑符号

2. if 格式的生成语句

例 6.44 D 触发器 if 格式的生成语句应用实例。

触发器有集成触发器和门电路组成的触发器。触发方式有电平触发和边沿触发两种。

D 触发器在时钟脉冲 CP 的前沿（正跳变 0→1）发生翻转，触发器的次态取决于 CP 的脉冲上升沿到来之前 D 端的状态，即次态=D。因此，它具有置 0、置 1 两种功能。由于在 CP=1 期间电路具有维持阻塞作用，所以在 CP=1 期间，D 端的数据状态变化，不会影响触发器的输出状态。

D 触发器应用很广，可用做数字信号的寄存，移位寄存，分频和波形发生器等。

```
library ieee;
use ieee. std_logic_1164.all;
entity d_ff is
port (clk, d : in std_logic;
q : out std_logic);
end d_ff;
architecture behave of d_ff is
signal q_in : std_logic;
begin
q<=q_in;
process (clk)
begin
if (clk'event and clk='1')
then
q_in<=d;
end if ;
end process;
end behave;
```

例 6.45 4 位移位寄存器 if 格式的生成语句应用实例。

```
library ieee;
use ieee. std_logic_1164.all;
entity shift_reg is
```

```
port(d1, cp : in std_logic;
d0 : out std_logic);
end shift_reg;
architecture behave of shift_reg is
component d_ff
port(d : in std_logic;
clk : in std_ligic;
q : out std_logic);
end component;
signal q:std_logic_vector(3 downto 1);
begin
l : for i in 0 to 3 generate
m : if(i=0) generate
dffx : d_ff port map(d1, cp, q(i+1));
end generate m;
n : if (i=3) generate
dffx : d_ff port(q(i), cp, d0);
end generate n;
o : if((i/=0) and (i/=3)) generate
dffx : d_ff port map(q(i), cp, q(i+1));
end generate o;
end generate l;
end behave;
```

6.4 子程序

　　子程序是一个 VHDL 程序模块，它是利用顺序语句来定义和完成算法的，应用它来进行程序设计能更有效地完成重复性的设计工作。
　　子程序有两种类型：过程（PROCEDURE）和函数（FUNCTION）。
　　例 6.46　子程序应用实例。

```
library ieee;
use ieee. std_logic_1164.all;
use ieee. std_logic_unsigned. all;
entity decoder is
port(a : in std_logic_vector(0 to 2);
```

```
m:out std_logic_vector(0 to 2));
end entity;
architecture demo of decoder is
function sam(x, y, z : std_logic) return std_logic is
begin
return (x and y) or z;
end function sam;
begin
process(a)
begin
m(0)<=sam(a(0), a(1), a(2));
m(1)<=sam(a(2), a(0), a(1));
m(2)<=sam(a(1), a(2), a(0));
end process;
end demo;
```

6.4.1 函数（Function）

1. 函数

构建和使用函数两个必要的步骤：
（1）函数本身的创建。
（2）函数调用。
函数体：

```
FUNCTION 函数名[<参数列表>] RETURN data type IS
[声明]
BEGIN
（顺序描述代码）
END function_name;
<参数列表>＝[CONSTANT] 常量名：常量类型；
<参数列表>＝SIGNAL 信号名：信号类型；
FUNCTION f1（a, b: INTEGER;SIGNAL  c: STD_LOGIC_VECTOR）
RETURN BOOLEAN IS
BEGIN
（顺序描述代码）
END f1;
```

2. 函数调用

（1）函数调用语句不具有独立的行为表现形式，它在 VHDL 程序中不是一个完整的描述语句，而只是应用在赋值语句或者表达式中。

（2）函数调用语句一般会省略参数的对象类型和端口模式，因此函数调用语句中也只含有实际参数名称。

（3）函数调用语句中只具有一个返回值，这与过程的多返回值是完全不同的。

例 6.47 函数调用应用实例。

```
x    <=    conv_integer(a);      -- 将 a 转换为整型
                                 -- 函数自身构成表达式
y    <=    maximum(a, b);        -- 返回 a 和 b 中较大的一个
                                 -- 函数自身构成表达式
IF x>maximum(a, b) ...           -- 将 x 与 a 和 b 中较大的一个进行比较
                                 -- 函数作为表达式的一个组成部分

positive_edge()函数
---------------------.函数体-------------------------.
FUNCTION positive_edge(SIGNAL s :
STD_LOGIC)RETURN BOOLEAN IS
BEGIN
RETURN(s ' EVENT AND s = '1');
END positive_edge;
-----------------------函数调用----------------------.
……
IF positive_edge(clk) THEN……
……
conv_integer()函数
-----------------------.函数----------------------.
FUNCTION conv_integer
(
SIGNAL vector: STD_LOGIC_VECTOR
)
RETURN INTEGER IS
VARIABLE result: INTEGER RANGE 0 TO 2 **vector' LENGTH.1;
BEGIN
IF(vector(vector'HIGH) = '1') THEN result :=1;
ELSE result :=0;
END IF;
```

```vhdl
FOR i IN(vector'HIGH.1) DOWNTO (vector'LOW)LOOP
result := result*2;
IF (vector(i) = '1') THEN result:=result + 1;
END IF;
END LOOP;
RETURN result;
END conv_integer;
-------------------------函数调用-----------------
……
y <= conv_integer(a);
……
```

例 6.48 函数在主代码中定义实例。

```vhdl
LIBRARY ieee;
USE ieee.std_logic_1164.all;
ENTITY dff IS
PORT (d, clk, rst: IN STD_LOGIC;
q: OUT STD_LOGIC);
END dff;
ARCHITECTURE my_arch OF dff IS
FUNCTION positive_edge (SIGNAL s: STD_LOGIC)
RETURN BOOLEAN IS
BEGIN
RETURN s'EVENT AND S = '1';
END positive_edge;
BEGIN
PROCESS (clk,rst)
BEGIN
IF ( rst = '1') THEN q <= '0';
ELSIF positive_edge(clk) THEN q <= d;
END IF;
END PROCESS;
END my_arch;
```

例 6.49 函数在包集中定义实例。

```
------------------Package:----------------
LIBRARY ieee;
```

```
USE ieee.std_logic_1164.all;
-------------------------------------------------
PACKAGE my_package IS
FUNCTION positive_edge(SIGNAL s: STD_LOGIC)RETURN BOOLEAN;
END my_package;
-------------------------------------------------
PACKAGE BODY my_package IS
FUNCTION positive_edge (SIGNAL s: STD_LOGIC)
RETURN BOOLEAN IS
BEGIN
RETURN s'EVENT AND S = '1';
END positive_edge;
END my_package;
-------------------------------------------------
```

函数小结：

函数可以有零个或多个输入参数和一个返回值，而输入参数只能是常量（默认）或信号（不允许是变量）。

过程可以带有多个输入、输出或双向参数。这些参数可以是信号、变量或常量。对于输入模式（IN）的参数，默认情况下为常量，而对于输出模式（OUT 或 INOUT）的参数，默认情况下为变量。

函数调用是作为表达式的一部分出现的，而过程的调用相对而言更简单，可以直接对其进行调用。

在函数和过程的内部，WAIT 和 COMPONENTS 都是不可综合的。

函数和过程的存放位置是相同的。它们经常位于 PACKAGE 中或主代码中（在 ENTITY 或 ARCHITECTURE 中）。当位于 PACKAGE 中时，对应的 PACKAGE BODY 必须存在，其中存放着函数或过程的功能描述代码。

 习 题

6.1 什么是固有延时？什么是惯性延时？

6.2 哪些情况下需要用到程序包 STD_LOGIC_UNSIGNED？试举一例。

6.3 说明信号和变量的功能特点，应用上的异同点。

6.4 在 VHDL 设计中，给时序电路清 0（复位）有两种方法，它们是什么？

6.5 哪一种复位方法必须将复位信号放在敏感信号表中？给出这两种电路的 VHDL 描述。

6.6 什么是重载函数？重载算符有何用处？如何调用重载算符函数？

6.7 判断下面 3 个程序中是否有错误，若有则指出错误所在，并给出完整程序。

程序 1：

```
Signal A, EN : std_logic;
Process (A, EN)
      Variable B : std_logic;
Begin
if EN = 1 then    B <= A;    end if;
end process;
```

程序 2：

```
Architecture one of sample is
      variable a, b, c : integer;
begin
      c <= a + b;
end;
```

程序 3：

```
library ieee;
use ieee.std_logic_1164.all;
entity mux21 is
      port ( a, b : in std_logic; sel : in std_logic; c : out std_logic;);
end sam2;
architecture one of mux21 is
begin
if sel = '0' then    c := a; else    c := b;    end if;
end two;
```

6.8 根据例 4.16 设计 8 位右移移位寄存器，给出时序仿真波形。

6.9 将例 6.21 中的 4 个 IF 语句分别用 4 个并列进程语句表达出来。

6.10 说明实体，设计实体概念。

6.11 举例说明 GENERIC 说明语句和 GENERIC 映射语句有何用处，并举例说明。

6.12 说明端口模式 INOUT 和 BUFFER 有何异同点。

6.13 在以下数据类型中，VHDL 综合器支持哪些类型？
STRING、TIME、REAL、BIT

6.14 详细说明例 6.47 中的语句作用和程序实现的功能。

6.15 表式 C <= A + B 中，A、B 和 C 的数据类型都是 STD_LOGIC_VECTOR，是否能直接进行加法运算？说明原因和解决方法。

6.16 VHDL 中有哪 3 种数据对象？详细说明它们的功能特点以及使用方法，举例说明数据对象与数据类型的关系。

6.17 能把任意一种进制的值向一整数类型的数据对象赋值吗？如果能，怎样做？

6.18 判断下列 VHDL 标识符是否合法，如果有误则指出原因：
16#0FA#，10#12F#，8#789#，8#356#，2#0101010#74HC245，\74HC574\，CLR/RESET，\IN 4/SCLK\，D100%

6.19 数据类型 BIT、INTEGER 和 BOOLEAN 分别定义在哪个库中？哪些库和程序包总是可见的？

6.20 函数与过程在设计与功能上有什么区别？调用上有什么区别？

6.21 回答有关 Bit 和 Boolean 数据类型的问题：
（1）解释 Bit 和 Boolean 类型的区别。
（2）对于逻辑操作应使用哪种类型？
（3）关系操作的结果为哪种类型？
（4）IF 语句测试的表达式是哪种类型？

6.22 运算符重载函数通常要调用转换函数，以便能够利用已有的数据类型。下面给出一个新的数据类型 AGE，并且下面的转换函数已经实现：
function CONV_INTEGER（ARG：AGE）return INTEGER；
仿照本章中的示例，利用此函数编写一个"+"运算符重载函数，支持下面的运算：
SIGNAL a，c: AGE；
--.
c <= a + 20；

6.23 用两种方法设计 8 位比较器，比较器的输入是两个待比较的 8 位数 A=[A7--A0]和 B=[B7--B0]，输出是 D、E、F。当 A=B 时 D=1；当 A>B 时 E=1；当 A<B 时 F=1。第一种设计方案是常规的比较器设计方法，即直接利用关系操作符进行编程设计；第二种设计方案是利用减法器来完成，通过减法运算后的符号和结果来判别两个被比较值的大小。对两种设计方案的资源耗用情况进行比较，并给以解释。

6.24 进程有哪几种主要类型？不完全组合进程是由什么原因引起的？有什么特点？如何避免？

6.25 给触发器复位的方法有哪两种？如果时钟进程中用了敏感信号表，哪种复位方法要求把复位信号放在敏感信号表中？

6.26 用 WITH_SELECT_WHEN 语句描述 4 个 16 位至 1 个 16 位输出的 4 选 1 多路选择器。

6.27 为什么说一条并行赋值语句可以等效为一个进程？如果是这样的话，该语句怎样实现敏感信号的检测？

6.28 下述 VHDL 代码的综合结果会有几个触发器或锁存器？

程序 1：

```
architecture rtl of ex is
    signal a, b: std_logic_vector(3 downto 0);
begin
    process(clk)
    begin
        if clk = '1' and clk'event then
            if q(3) /= '1' then    q <= a + b;
            end if;
        end if;
    end process;
end rtl;
```

程序 2：

```
architecture rtl of ex is
    signal a, b: std_logic_vector(3 downto 0);
begin
    process(clk)
        variable int: std_logic_vector(3 downto 0);
    begin
        if clk ='1' and clk'event then
            if int(3) /= '1' then    int := a + b ; q <= int;
            end if;
        end if;
    end process;
end rtl;
```

程序 3：

```
architecture rtl of ex is
    signal a, b, c, d, e: std_logic_vector(3 downto 0);
begin
    process(c, d, e, en)
    begin
        if en ='1' then    a <= c ;  b <= d;
```

- 116 -

```
            else    a <= e;
        end if;
    end process;
end rtl;
```

6.29 比较 CASE 语句与 WITH_SELECT 语句，并叙述它们的异同点。

6.30 将以下程序段转换为 WHEN_ELSE 语句：

```
PROCESS （a, b, c, d）
BEGIN
IF a= '0' AND b='1' THEN    next1 <= "1101" ;
    ELSIF   a='0' THEN    next1 <= d ;
ELSIF   b='1' THEN    next1 <= c ;
    ELSE
        Next1 <= "1011" ;
END   IF;
END PROCESS;
```

6.31 说明以下两程序有何不同，哪一电路更合理？试画出它们的电路。

程序 1：

```
LIBRARY IEEE;
USE IEEE. STD_LOGIC_1164.ALL;
ENTITY EXAP IS    PORT ( clk, a, b    : IN STD_LOGIC;
                                y : OUT STD_LOGIC );
END EXAP ;
ARCHITECTURE behav OF EXAP IS
SIGNAL x : STD_LOGIC;
BEGIN
PROCESS
BEGIN
    WAIT UNTIL CLK ='1' ;
        x <= '0';      y <= '0';
    IF a = b THEN    x <= '1';
    END IF;
    IF x='1' THEN    y <= '1' ;
    END IF ;
    END PROCESS   ;
END behav;
```

程序 2：

```vhdl
LIBRARY IEEE;
USE IEEE.STD_LOGIC_1164.ALL;
ENTITY EXAP IS    PORT ( clk,a,b  : IN STD_LOGIC;
                                y : OUT STD_LOGIC );
END EXAP ;
ARCHITECTURE behav OF EXAP IS
BEGIN
PROCESS
VARIABLE x : STD_LOGIC;
BEGIN
   WAIT UNTIL CLK ='1' ;
      x := '0';      y <= '0';
   IF a = b THEN    x := '1';
END IF;
   IF x='1' THEN     y <= '1' ;
       END IF ;
END PROCESS   ;
END behav;
```

实验与设计

6.32 七段数码显示译码器设计。

（1）实验目的：学习 7 段数码显示译码器设计；学习 VHDL 的 CASE 语句应用及多层次设计方法。

（2）实验原理：7 段数码是纯组合电路，通常的小规模专用 IC，如 74 或 4000 系列的器件只能作十进制 BCD 码译码，然而数字系统中的数据处理和运算都是 2 进制的，所以输出表达都是 16 进制的，为了满足 16 进制数的译码显示，最方便的方法就是利用译码程序在 FPGA/CPLD 中来实现。例 6.18 作为 7 段译码器，输出信号 LED7S 的 7 位分别接数码管的 7 个段，高位在左，低位在右。例如当 LED7S 输出为"1101101"时，数码管的 7 个段：g、f、e、d、c、b、a 分别接 1、1、0、1、1、0、1；接有高电平的段发亮，于是数码管显示"5"。注意，这里没有考虑表示小数点的发光管，如果要考虑，需要增加段 h。

（3）实验内容：在 Quartus II 上对该例进行编辑、编译、综合、适配、仿真，给出其所有信号的时序仿真波形。

提示：用输入总线的方式给出输入信号仿真数据，仿真波形示例图如图 6.6 所示。

Name:	Value:	5.0μs	10.0μs	15.0μs	20.0μs	25.0μs	30.0μs	35.0μs	40.0μs	45.0μs	50.0μs
A	B 0001	0000 0001 0010 0011 0100 0101 0110 0111 1000 1001 1010 1011 1100 1101 1110 1111 0000 0001
LED7S	H 06	3F 06 5B 4F 66 6D 7D 07 7F 6F 77 7C 39 5E 79 71 3F 06

图 6.6 段译码器仿真波形

（4）实验报告：根据以上的实验内容写出实验报告，包括程序设计、软件编译、仿真分析、硬件测试和实验过程；设计程序、程序分析报告、仿真波形图及其分析报告。

6.33 八位数码扫描显示电路设计。

（1）实验目的：学习硬件扫描显示电路的设计。

（2）实验原理：图 6.7 为 8 位数码扫描显示电路，其中每个数码管的 8 个段：h、g、f、e、d、c、b、a（h 是小数点）都分别连在一起，8 个数码管分别由 8 个选通信号 k1、k2、…、k8 来选择。被选通的数码管显示数据，其余关闭。如在某一时刻，k3 为高电平，其余选通信号为低电平，这时仅 k3 对应的数码管显示来自段信号端的数据，而其他 7 个数码管呈现关闭状态。根据这种电路状况，如果希望在 8 个数码管显示希望的数据，就必须使得 8 个选通信号 k1、k2、…、k8 分别被单独选通，并在此同时，在段信号输入口加上希望在该对应数码管上显示的数据，于是随着选通信号的扫变，就能实现扫描显示的目的。

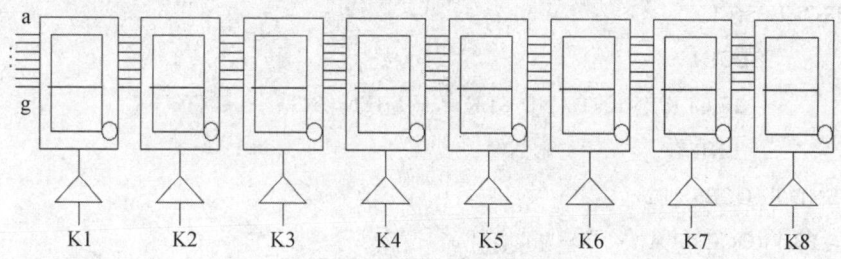

图 6.7 位数码扫描显示电路

以下是 8 位数码扫描显示电路 VHDL 程序代码：

```
LIBRARY IEEE;
USE IEEE. STD_LOGIC_1164.ALL;
USE IEEE. STD_LOGIC_UNSIGNED. ALL;
ENTITY SCAN_LED IS
   PORT ( CLK : IN STD_LOGIC;
      SG   : OUT STD_LOGIC_VECTOR(6 DOWNTO 0);--段控制信号输出
      BT   : OUT STD_LOGIC_VECTOR(7 DOWNTO 0) );--位控制信号输出
   END;
```

```vhdl
ARCHITECTURE one OF SCAN_LED IS
    SIGNAL CNT8  : STD_LOGIC_VECTOR(2 DOWNTO 0);
    SIGNAL   A   : INTEGER RANGE 0 TO 15;
BEGIN
P1:PROCESS( CNT8 )
    BEGIN
        CASE   CNT8   IS
            WHEN "000" =>    BT <= "00000001" ; A <= 1 ;
            WHEN "001" =>    BT <= "00000010" ; A <= 3 ;
            WHEN "010" =>    BT <= "00000100" ; A <= 5 ;
            WHEN "011" =>    BT <= "00001000" ; A <= 7 ;
            WHEN "100" =>    BT <= "00010000" ; A <= 9 ;
            WHEN "101" =>    BT <= "00100000" ; A <= 11 ;
            WHEN "110" =>    BT <= "01000000" ; A <= 13 ;
            WHEN "111" =>    BT <= "10000000" ; A <= 15 ;
            WHEN OTHERS =>   NULL ;
        END CASE ;
    END PROCESS P1;
P2:PROCESS(CLK)
    BEGIN
        IF CLK'EVENT AND CLK = '1' THEN CNT8 <= CNT8 + 1;
        END IF;
    END PROCESS P2 ;
    P3:PROCESS( A ) --.译码电路
        BEGIN
        CASE   A   IS
        WHEN 0 => SG <= "0111111";   WHEN 1   => SG <= "0000110";
        WHEN 2 => SG <= "1011011";   WHEN 3   => SG <= "1001111";
        WHEN 4 => SG <= "1100110";   WHEN 5   => SG <= "1101101";
        WHEN 6 => SG <= "1111101";   WHEN 7   => SG <= "0000111";
        WHEN 8 => SG <= "1111111";   WHEN 9   => SG <= "1101111";
        WHEN 10=> SG <= "1110111";   WHEN 11 => SG <= "1111100";
        WHEN 12=> SG <= "0111001";   WHEN 13 => SG <= "1011110";
        WHEN 14=> SG <= "1111001";   WHEN 15 => SG <= "1110001";
        WHEN OTHERS =>    NULL ;
```

```
        END CASE ;
    END PROCESS P3;
END;
```

（3）实验内容 1：说明例中各语句的含义，以及该例的整体功能。对该例进行编辑、编译、综合、适配、仿真，并给出仿真波形。将实验过程和实验结果写进实验报告。

（4）实验内容 2：修改题目程序中的进程 P1 中的显示数据直接给出的方式，增加 8 个 4 位锁存器作为显示数据缓冲器，使得所有 8 个显示数据都必须来自缓冲器。缓冲器中的数据可以通过不同方式锁入，如来自 A/D 采样的数据、来自分时锁入的数据、来自串行方式输入的数据或来自单片机等。

情景 7　状态机设计

7.1　状态机的定义

状态机是由状态寄存器和组合逻辑电路构成的,能够根据控制信号按照预先设定的状态进行状态转移,是协调相关信号动作、完成特定操作的控制中心,属于种时序逻辑电路。常用的状态机由三个部分组成,即当前状态寄存器(Current State, CS)、下一状态组合逻辑(Next State, NS)和输出组合逻辑(Output Logic, OL)。

7.2　状态机的分类

从信号输出方式上,有限状态机分为:Moore 型和 Mealy 型两类,从输出时序上看前者属于异步输出状态机,后者属于同步输出状态机(所谓同步或异步都是相对于时钟信号而言的。不依赖于时钟而有效的信号称为异步信号,而依赖于时钟才有效的信号称为同步信号。)Moore 型有限状态机的输出仅为当前状态的函数,这类状态机在输入发生变化后再等待时钟的到来,时钟使状态发生变化时才导致输出的变化;Mealy 型有限状态机的输出是当前状态和所有输入信号的函数,它的输出在输入变化后立即发生。从结构图上看它们的区别如图 7.1 和图 7.2 所示。

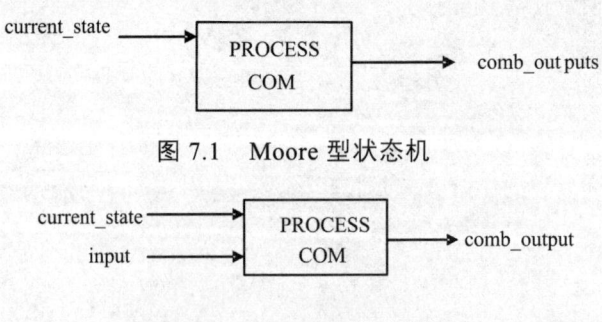

图 7.1　Moore 型状态机

图 7.2　Mealy 型状态机

与 Moore 型状态机相比较,Mealy 状态机的输出变化要领先一个时钟周期。通过状态机的工作时序图比较容易区分这两种类型的状态机。如果单纯从 VHDL 代码来区分，就主要看它的输出与输入是否有关系，有关系的就是 Moore 型状态机，无关系的就是 Mealy 型状态机。正确地区别两类状态机是正确设计的前提，然后才能按照自己的意愿或者要求去设计不同类型的状态机。

7.3 状态机的设计步骤

利用 VHDL 语言设计状态机，所有的状态可表示为 case-when 结构中的一个 when 子句，而状态的转换则通过 if-then-else 语句实现。

1. 利用枚举型定义状态信号

```
type StateType is ( s0，s1，s2…)；   -- 枚举类型
signal present_state，next_state: StateType；  -- 现态和次态信号
```

2. 建立状态机进程

```
state_comb: process（present_state，din） -- 状态转换进程
begin
……
end process state_comb;
```

3. 在进程中定义状态的转换

在进程中使用 case-when 语句，因状态 s0 是状态转换的起点，因此，把 s0 作为 case 语句中第一个 when 子句项，然后利用 if-then-else 语句列出转移到次态的条件，即可写出状态转换流程：

```
case present_state is
when s0=>z<='0'； if din='1'then next_state<=s1；
 else next_state<=s0； end if；
……
```

7.4 Mealy 型状态机设计

与 Moore 型状态机相比较，Mealy 机的输出变化要领先一个周期，即一旦输入信号或状态发生变化，输出信号即刻发生变化。

Mealy 状态机的结构框图如图 7.3 所示。

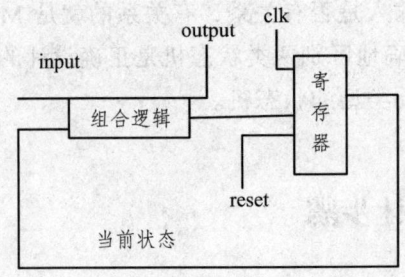

图 7.3　Mealy 状态机结构框图

对 Mealy 状态机设计首先要把整个流程图画出来,根据流程图设计各个部分。图 7.4 是其流程图。

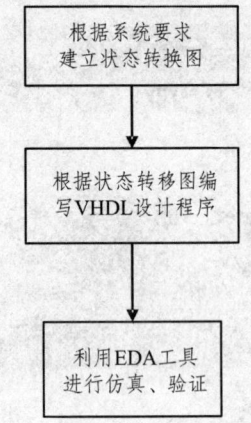

图 7.4　状态机的 VHDL 设计流程图

根据流程图的设计步骤画出状态转换图,如图 7.5 所示。

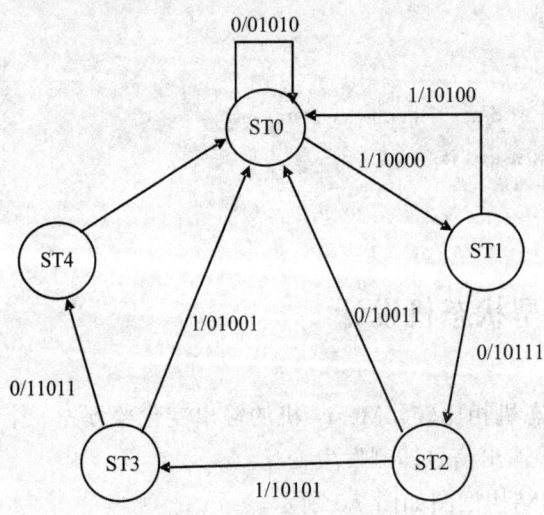

图 7.5　状态转换图

然后根据状态转换图写出程序代码,程序如下所示:

```vhdl
library ieee;
use ieee.std_logic_1164.all;
entity mealy2 is
port ( clk,datain,reset:in std_logic;
q:out std_logic_vector(4 downto 0));
end mealy2;
architecture behav of mealy2 is
type states is (st0,st1,st2,st3,st4);
signal stx : states;
signal q1 : std_logic_vector(4 downto 0);
begin
comreg : process(clk,reset)
begin
        if reset='1' then stx<=st0;
        elsif clk'event and clk = '1' then
            case stx is
                when st0 => if datain ='1' then stx<= st1;else stx<=st0;end if;
                when st1 => if datain ='0' then stx<= st2;else stx<=st0;end if;
                when st2 => if datain ='1' then stx<= st3;else stx<=st0;end if;
                when st3 => if datain ='0' then stx<= st4;else stx<=st0;end if;
                when st4 => if datain ='1' then stx<= st0;else stx<=st0;end if;
                when others => stx<=st0;
            end case;
        end if;
end process comreg;
com1: process (stx,datain,clk)
variable q2 : std_logic_vector( 4 downto 0);
begin
case stx is
when st0=>if datain='1' then q2 :="10000";else q2:="01010";end if;
when st1=>if datain='0' then q2 :="10111";else q2:="10100";end if;
when st2=>if datain='1' then q2 :="10101";else q2:="10011";end if;
when st3=>if datain='0' then q2 :="11011";else q2:="01001";end if;
when st4=>if datain='1' then q2 :="11101";else q2:="01101";end if;
```

```
           when others => q2:="00000";
       end case;
       if clk'event and clk ='1' then q1<=q2;end if;
    end process com1;
    q<=q1;
end behav;
```

程序分析：这段程序是 2 进程 Mealy 型状态机。由 entity 语句引导的是主体，由 architecture 语句引导的是结构体。

在结构体中，进程 comreg 是时序与组合混合型进程，它将状态机的主控时序电路和主控状态译码电路同时用一个进程来表达。这个进程也是状态转换过程。reset 复位后初始状态设置为 st0，当 datain 为高电平且 clk 信号处于上升延时，将 st1 赋值给 stx，即状态由 st0 转换为 st1；当 datain 为低电平且 clk 信号处于上升延时，将 st2 赋值给 stx，即状态由 st1 转换为 st2；当 datain 为高电平且 clk 信号处于上升延时，将 st3 赋值给 stx，即状态由 st2 转换为 st3；当 datain 为低电平且 clk 信号处于上升延时，将 st4 赋值给 stx，即状态由 st3 转换为 st4；当 datain 为高电平且 clk 信号处于上升延时，将 st4 赋值给 stx，即状态由 st4 转换为 st0。其他情况状态均转换为 st0。

进程 com1 负责根据状态和输入信号给出不同的输出信号。这个进程是输出过程。当为状态 st0 时，datain 为高电平，则输出为"10000"；datain 为低电平，则输出为"01010"。当为状态 st1 时，datain 为高电平，则输出为"10100"；datain 为低电平，则输出为"10111"。当为状态 st2 时，datain 为高电平，则输出为"10101"，datain 为低电平，则输出为"10011"。当为状态 st3 时，datain 为高电平，则输出为"01001"，datain 为低电平，则输出为"11011"。当为状态 st4 时，datain 为高电平，则输出为"11101"；datain 为低电平，则输出为"01101"。此进程最后用一个 IF 语句产生一个锁存器，将 q2 锁存后再输出。由于是同步锁存的缘故，没有发生锁存后延时一个时钟周期的现象。

对程序进行编译仿真后得出几幅仿真图，如图 7.6～7.9 所示。其中 reset 为复位信号，高电平有效；datain 为输入信号；clk 为时钟信号，上升延有效；q 为输出信号，q1～65 为输出 q 的 16 进值；stx 为状态。

图 7.6 的状态是由 st0、st1、st2、st3 和 st4 依次循环转换下去。reset 信号复位以

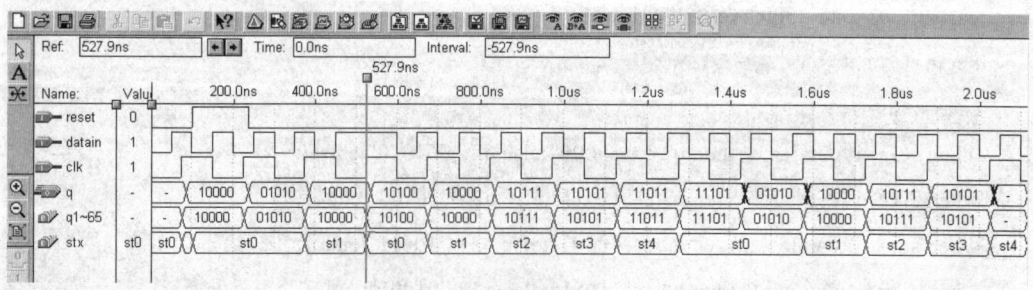

图 7.6 仿真图（1）

后，状态无条件转换为状态 st0。此后每一个 clk 上升延依照 datain 输入信号的高低进行状态转换。

图 7.7 标尺处体现了状态由 st1 转换到 st0。当状态为 st1，输入 datain 为高电平时，状态由 st1 到 st0，而不是 st1 到 st2。

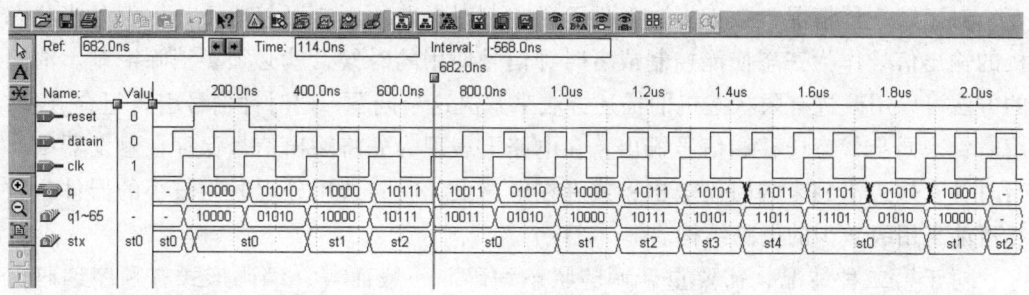

图 7.7　仿真图（2）

图 7.8 标尺处体现了状态由 st2 转换到 st0。当状态为 st2，输入 datain 为低电平时，状态由 st2 到 st0，而不是 st2 到 st3。

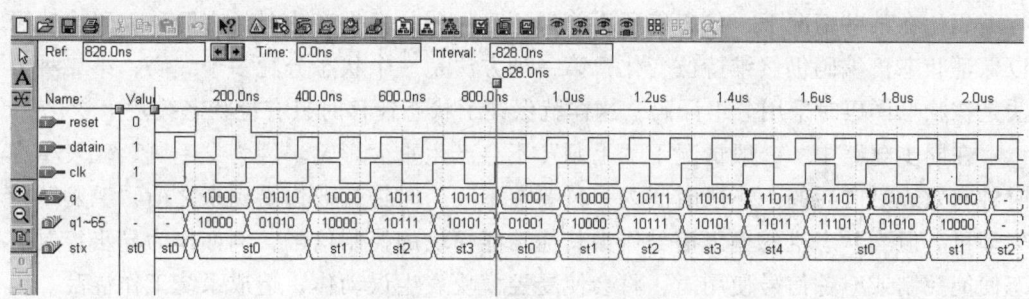

图 7.8　仿真图（3）

图 7.9 标尺处体现了状态由 st3 转换到 st0。当状态为 st3，输入 datain 为高电平时，状态由 st3 到 st0，而不是 st3 到 st4。

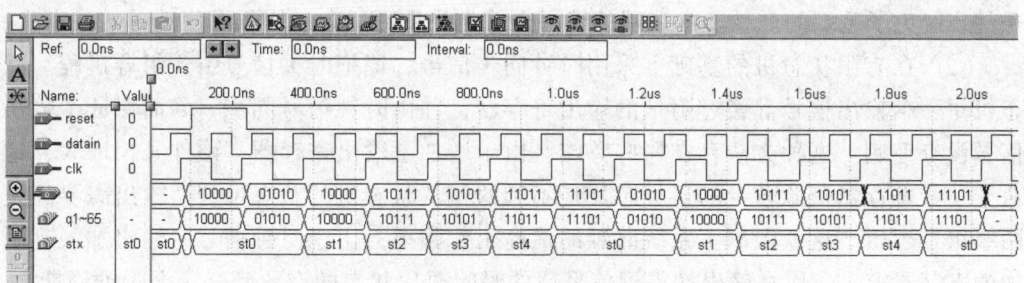

图 7.9　仿真图（4）

7.5　Mealy 状态机优化

毛刺的产生，一方面由于通常的状态机中都包含有组合逻辑进程，使得输出信号在时钟的有效边沿产生毛刺；另一方面当状态信号是多位值的时候，在电路中就对应了多条信号线，如果同时有几条信号线跳变，由于存在传输延迟，各信号线上的值发生改变的时间会有先后，使得状态迁移的时候在初始状态和目的状态间出现临时状态，虽然它只存在了很短的时间，但仍然会影响电路的稳定。

对于第一种情况，在大多数条件下，毛刺对电路的影响可忽略不计，但是当状态机的输出信号作为三态使能控制或者时钟信号使用的时候，就必须要消除毛刺。消除的方法可以用改进有限状态机的描述方法来解决这个问题：把时钟信号引入组合进程，用时钟来同步状态迁移和信号输出，在电路上表现为先将输出信号保存在触发器中，当时钟有效边沿到来的时候输出；或者在电路设计时，选用延迟时间较小的器件，且尽可能采用级数少的电路结构。

对于第二种情况，需要重新调整状态编码。一般而言，编码形式有顺序编码、One-Hot 编码、格雷码、随机编码等。如果 VHDL 描述中没有对各个状态的编码专门指定，模拟器和综合器一般按照状态的定义顺序进行编码。为了消除传输延迟造成的毛刺，理想的解决方法是使相邻状态间只有 1 位信号改变，因此应该按照格雷码制进行编码。在某些情况下，状态编码不能保证只有一位发生变化时，有两种编码方法可以保证状态机编码仍然维持位变化：第一种方法是一个状态分配多个编码；第二种方法是在状态译码时采用分组译码，这样就保证了状态迁移时只有位状态线发生变化。

在同步电路中，一般情况下"毛刺"不会产生重大影响。因为"毛刺"仅发生在时钟有效边沿之后的一小段时间内，只要在下一个时钟有效边沿到来之前"毛刺"消失即可。但当状态机的输出信号作为其他功能模块的控制信号，例如作为异步控制、态使能控制或时钟信号使用时，将会使受控模块发生误动作，造成系统工作混乱。因此，在这种情况下必须通过改变设计消除毛刺。

消除状态机输出信号的"毛刺"一般可采用三种方案：

（1）调整状态编码，使相邻状态间只有 1 位信号改变，从而消除竞争冒险的发生条件，避免了毛刺的产生。常采用的编码方式为格雷码。它适用于顺序迁移的状态机。

（2）在有限状态机的基础上采用时钟同步信号，即把时钟信号引入组合进程。状态机每一个输出信号都经过附加的输出寄存器，并由时钟信号同步，因而保证了输出信号没有毛刺。这种方法存在一些弊端：由于增加了输出寄存器，硬件开销增大，这对于一些寄存器资源较少的目标芯片是不利的；从状态机的状态位到达输出需要经过两级组合逻辑，这就限制了系统时钟的最高工作频率；由于时钟信号将输出加载到附加的寄存器上，所以在输出端得到信号值的时间要比状态的变化延时一个时钟周期。

（3）直接把状态机的状态码作为输出信号，即采用状态码直接输出型状态机，使状态和输出信号一致，使得输出译码电路被优化掉了，因此不会出现竞争冒险。这种方案，占用芯片资源少，信号与状态变化同步，因此速度快，是一种较优方案。但在设计过程中对状态编码时可能增加状态向量，出现多余状态。虽然可用 case 语句中 whenothers 来安排多余状态，但有时难以有效控制多余状态，运行时可能会出现难以预料的情况。因此，它适用于状态机输出信号较少的场合。

7.6 Moore 型有限状态机设计

Mealy 型状态机的输出是当前状态和所有输入信号的函数,不依赖时钟的同步。Moore 型状态机的输出仅为当前状态的函数,必须等待时钟变化才能输出。如图 7.10 所示是 ADC0809 工作时序。

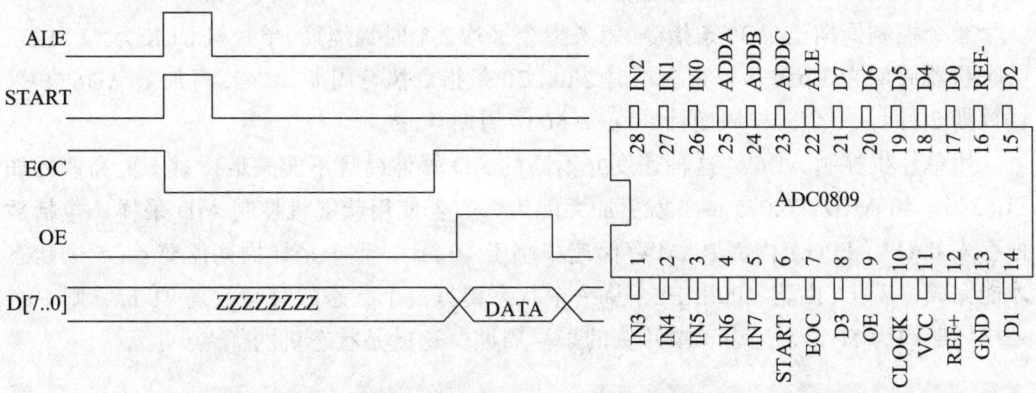

图 7.10 ADC0809 工作时序

例 7.1 Moore 状态机的应用实例——A/D 采样控制器设计。

一般传统方法用 CPU 或单片机完成,编程简单,控制灵活,但是控制周期长、速度慢。尤其当 A/D 本身速度比较快时,单片机或 CPU 的速度极大限制了 A/D 高速性能的应用。如图 7.11 所示为采样状态机结构框图。

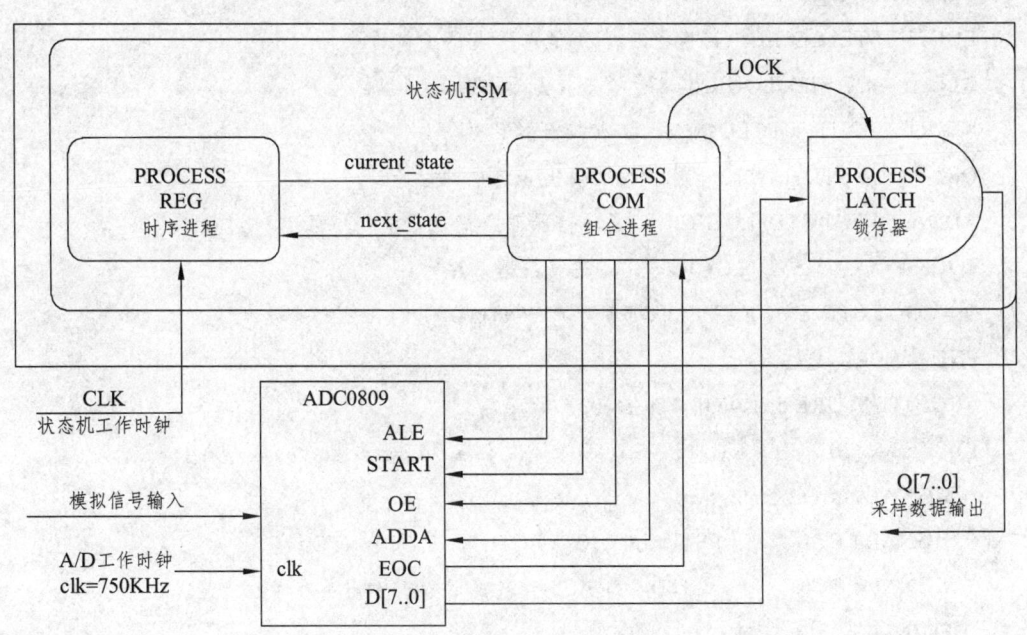

图 7.11 采样状态机结构框图

以 AD674 为例：

AD674 采样周期约为 20 μs，也就是从启动到完成将模拟信号和转换为 12 位数字信号的时间。通常对于模拟信号的采样必须至少一个周期，假设为采样 50 个点，AD674 要用时 20 μs×50=1 ms。若应用单片机或 CPU 采样，以单片机为例，过程如下：AD674 初始化；启动采样等待约 20 μs；读数命令；将转换好的 12 位数从 AD674 读入单片机；存入外部 RAM；外部 RAM 地址加 1。

整个控制周期至少 30 条指令，每条指令平均 2 个时钟周期，单片机 CLK 为 12 MHz，一个机器周期为 1 μs，每条指令耗时 2 μs，30 条指令执行周期 60 μs，再加上 AD674 采样周期 20 μs，一个采样周期计 80 μs，50 个周期 4 ms。

用单片机控制 AD674 这种速度并不高的 AD 器件尚且不能满足，对于更高速的如 TL5540（40 MHz，0.025 μs）就更加无能为力。若使用状态机控制 A/D 采样，包括数据存入 RAM（FPGA 内部 RAM 存储速率小于 10 ns），整个采样周期需要 4~5 个状态才能完成，若 CLK 为 100 MHz，从一个状态到另一个状态的时间就是 10 ns，则一个采样周期约为 50 ns，远小于单片机的采样周期。这就是状态机的优点。

```
LIBRARY IEEE;
USE IEEE.STD_LOGIC_1164.ALL;
ENTITY ADCINT IS
    PORT（
    D    : IN STD_LOGIC_VECTOR（7 DOWNTO 0）; --来自 0809 转换好的 8 位数据
    CLK  : IN STD_LOGIC;--状态机工作时钟
    EOC  : IN STD_LOGIC;--转换状态指示,低电平表示正在转换
    ALE  : OUT STD_LOGIC; --8 个模拟信号通道地址锁存信号
    START : OUT STD_LOGIC;   --转换开始信号
    OE   : OUT STD_LOGIC;    --数据输出 3 态控制信号
    ADDA : OUT STD_LOGIC;      --信号通道最低位控制信号
    LOCK0 : OUT STD_LOGIC;     --观察数据锁存时钟
    Q    : OUT STD_LOGIC_VECTOR（7 DOWNTO 0）); --8 位数据输出
END   ADCINT;
ARCHITECTURE behav OF ADCINT IS
TYPE states IS  （st0, st1, st2, st3,st4） ; --定义各状态子类型
    SIGNAL current_state, next_state: states :=st0 ;
    SIGNAL REGL         : STD_LOGIC_VECTOR（7 DOWNTO 0）;
    SIGNAL LOCK         : STD_LOGIC; -- 转换后数据输出锁存时钟信号
    BEGIN
ADDA <= '1';--当 ADDA<='0',模拟信号进入通道 IN0;当 ADDA<='1',则进入通道 IN1
```

```vhdl
Q <= REGL; LOCK0 <= LOCK ;
  COM: PROCESS ( current_state,EOC )    BEGIN   --规定各状态转换方式
    CASE current_state IS
WHEN st0=>ALE<='0';START<='0';LOCK<='0';OE<='0';
          next_state <= st1; --0809 初始化
WHEN st1=>ALE<='1';START<='1';LOCK<='0';OE<='0';
          next_state <= st2; --启动采样
WHEN st2=> ALE<='0';START<='0';LOCK<='0';OE<='0';
 IF （EOC='1'） THEN next_state <= st3; --EOC=1 表明转换结束
     ELSE next_state <= st2; --转换未结束,继续等待
   END IF;
WHEN st3=> ALE<='0';START<='0';LOCK<='0';OE<='1';
          next_state <= st4;--开启 OE,输出转换好的数据
WHEN st4=> ALE<='0';START<='0';LOCK<='1';OE<='1';
          next_state<=st0;
WHEN OTHERS => next_state <= st0;
   END CASE ;    END PROCESS COM ;
REG: PROCESS  （CLK）
    BEGIN
     IF （CLK'EVENT AND CLK='1'） THEN
           current_state<=next_state;
      END IF;
END PROCESS REG ;    -- 由信号 current_state 将当前状态值带出此进程:REG
  LATCH1: PROCESS （LOCK） -- 此进程中,在 LOCK 的上升沿,将转换好的
                                 数据锁入

     BEGIN
        IF LOCK='1' AND LOCK'EVENT THEN    REGL <= D ;
          END IF;
    END PROCESS LATCH1 ;
   END behav;
```

例 7.2 控制 ADC0809 采样状态机设计。

控制 ADC0809 采样状态图如图 7.12 所示。

VHDL 语言描述如下:

```vhdl
LIBRARY IEEE;
USE IEEE.STD_LOGIC_1164.ALL;
ENTITY ADCINT IS
```

```
      PORT(D    : IN STD_LOGIC_VECTOR(7 DOWNTO 0); --来自0809转换好的8位数据
CLK    : IN STD_LOGIC;      --状态机工作时钟
EOC    : IN STD_LOGIC; --转换状态指示,低电平表示正在转换
ALE    : OUT STD_LOGIC;  --8个模拟信号通道地址锁存信号
```

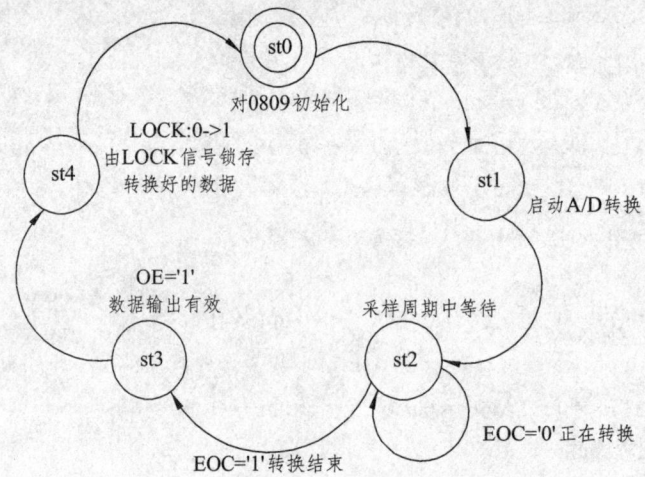

图 7.12 控制 ADC0809 采样状态图

```
START  : OUT STD_LOGIC;      --转换开始信号
OE     : OUT STD_LOGIC;      --数据输出3态控制信号
ADDA   : OUT STD_LOGIC;      --信号通道最低位控制信号
LOCK0  : OUT STD_LOGIC;      --观察数据锁存时钟
Q      : OUT STD_LOGIC_VECTOR(7 DOWNTO 0));--8位数据输出
END ADCINT;
ARCHITECTURE behav OF ADCINT IS
TYPE states IS (st0, st1, st2, st3,st4) ; 定义各状态子类型
SIGNAL current_state, next_state: states :=st0 ;
SIGNAL REGL          : STD_LOGIC_VECTOR(7 DOWNTO 0);
    SIGNAL LOCK      : STD_LOGIC; 转换后数据输出锁存时钟信号
BEGIN
ADDA <= '1';-- 当 ADDA<='0',模拟信号进入通道 IN0;当 ADDA<='1',则进入通道 IN1
Q <= REGL; LOCK0 <= LOCK ;
    COM: PROCESS(current_state,EOC)   BEGIN --规定各状态转换方式
    CASE current_state IS
    WHEN st0=>ALE<='0';START<='0';LOCK<='0';OE<='0';
         next_state <= st1;--0809 初始化
WHEN st1=>ALE<='1';START<='1';LOCK<='0';OE<='0';
next_state <= st2;--启动采样
```

```
        WHEN st2=> ALE<='0';START<='0';LOCK<='0';OE<='0';
            IF (EOC='1') THEN next_state <= st3; EOC=1 表明转换结束
ELSE next_state <= st2;   END IF ;--转换未结束,继续等待
WHEN st3=> ALE<='0';START<='0';LOCK<='0';OE<='1';
next_state <= st4;--开启 OE,输出转换好的数据
        WHEN st4=> ALE<='0';START<='0';LOCK<='1';OE<='1'; next_state <= st0;
            WHEN OTHERS => next_state <= st0;
        END CASE ;
 END PROCESS COM ;
REG: PROCESS (CLK)
BEGIN
IF (CLK'EVENT AND CLK='1') THEN current_state<=next_state; END IF;
  END PROCESS REG ;-- 由信号 current_state 将当前状态值带出此进程:REG
LATCH1: PROCESS (LOCK)-- 此进程中,在 LOCK 的上升沿,将转换好的数据锁入
BEGIN
          IF LOCK='1' AND LOCK'EVENT THEN     REGL <= D ; END IF;
        END PROCESS LATCH1 ;
END behav;
```

例 7.3 单进程 Moore 型有限状态机实例。

```
LIBRARY IEEE;
USE IEEE.STD_LOGIC_1164.ALL;
ENTITY MOORE1 IS
PORT (DATAIN   :IN STD_LOGIC_VECTOR(1 DOWNTO 0);
        CLK,RST : IN STD_LOGIC;
              Q : OUT STD_LOGIC_VECTOR(3 DOWNTO 0));
END MOORE1;
ARCHITECTURE behav OF MOORE1 IS
TYPE ST_TYPE IS (ST0, ST1, ST2, ST3,ST4);
    SIGNAL C_ST : ST_TYPE ;
BEGIN
   PROCESS(CLK,RST)
BEGIN
IF RST ='1' THEN    C_ST <= ST0 ; Q<= "0000" ;
        ELSIF CLK'EVENT AND CLK='1' THEN
CASE C_ST IS
            WHEN ST0 => IF DATAIN ="10" THEN C_ST <= ST1 ;
```

```
                    ELSE C_ST <= ST0 ; END IF;
                    Q <= "1001" ;
            WHEN ST1 => IF DATAIN ="11" THEN C_ST <= ST2 ;
                    ELSE C_ST <= ST1 ;END IF;
                    Q <= "0101" ;
            WHEN ST2 => IF DATAIN ="01" THEN C_ST <= ST3 ;
                    ELSE C_ST <= ST0 ;END IF;
                    Q <= "1100" ;
            WHEN ST3 => IF DATAIN ="00" THEN C_ST <= ST4 ;
                    ELSE C_ST <= ST2 ;END IF;
                    Q <= "0010" ;
            WHEN ST4 => IF DATAIN ="11" THEN C_ST <= ST0 ;
                    ELSE C_ST <= ST3 ;END IF;
Q <= "1001" ;
WHEN OTHERS => C_ST <= ST0;
END CASE;
END IF;
END PROCESS;
END behav;
```

例 7.4 Mealy 型有限状态机设计实例。

```
LIBRARY IEEE;
USE IEEE.STD_LOGIC_1164.ALL;
ENTITY MEALY1 IS
PORT ( CLK ,DATAIN,RESET   : IN STD_LOGIC;
Q : OUT STD_LOGIC_VECTOR(4 DOWNTO 0));
END MEALY1;
ARCHITECTURE behav OF MEALY1 IS
TYPE states IS (st0, st1, st2, st3,st4);
SIGNAL STX : states   ;
BEGIN
   COMREG : PROCESS(CLK,RESET)   BEGIN--决定转换状态的进程
IF RESET ='1' THEN     STX <= ST0;
ELSIF CLK'EVENT AND CLK = '1' THEN    CASE STX IS
WHEN st0 => IF DATAIN = '1' THEN    STX <= st1; END IF;
WHEN st1 => IF DATAIN = '0' THEN    STX <= st2; END IF;
WHEN st2 => IF DATAIN = '1' THEN    STX <= st3; END IF;
```

```
        WHEN st3=>   IF DATAIN = '0' THEN    STX <= st4; END IF;
        WHEN st4=>   IF DATAIN = '1' THEN    STX <= st0; END IF;
        WHEN OTHERS => STX <= st0;
        END CASE ;
            END IF;
        END PROCESS COMREG ;
        COM1: PROCESS(STX,DATAIN) BEGIN--输出控制信号的进程
            CASE STX IS
        WHEN st0 => IF DATAIN = '1' THEN Q <= "10000" ;
                        ELSE Q<="01010" ; END IF ;
        WHEN st1 => IF DATAIN = '0' THEN Q <= "10111" ;
                        ELSE Q<="10100" ; END IF ;
        WHEN st2 => IF DATAIN = '1' THEN Q <= "10101" ;
                        ELSE Q<="10011" ; END IF ;
        WHEN st3=>   IF DATAIN = '0' THEN Q <= "11011" ;
                        ELSE Q<="01001" ; END IF ;
        WHEN st4=>   IF DATAIN = '1' THEN Q <= "11101" ;
                        ELSE Q<="01101" ; END IF ;
        WHEN OTHERS =>   Q<="00000" ;
        END CASE ;
        END PROCESS COM1 ;
        END behav;
```

习 题

7.1 仿照例 7.1，将例 7.4 用两个进程，即一个时序进程，一个组合进程表达出来。

7.2 序列检测器可用于检测一组或多组由二进制码组成的脉冲序列信号，当序列检测器连续收到一组串行二进制码后，如果这组码与检测器中预先设置的码相同，则输出 1，否则输出 0。由于这种检测的关键在于正确码的收到必须是连续的，这就要求检测器必须记住前一次的正确码及正确序列，直到在连续的检测中所收到的每一位码都与预置数的对应码相同。在检测过程中，任何一位不相等都将回到初始状态重新开始检测。根据描述的电路完成对序列数"11100101"的检测，当这一串序列数高位在前（左移）串行进入检测器后，若此数与预置的密码数相同，则输出"A"，否则仍然输出"B"。VHDL 语言描述如下：

```vhdl
LIBRARY IEEE ;
USE IEEE.STD_LOGIC_1164.ALL;
ENTITY SCHK IS
    PORT(DIN,CLK,CLR  : IN STD_LOGIC;--串行输入数据位/工作时钟/复位信号
     AB : OUT STD_LOGIC_VECTOR(3 DOWNTO 0));--检测结果输出
END SCHK;
ARCHITECTURE behav OF SCHK IS
    SIGNAL Q : INTEGER RANGE 0 TO 8 ;
    SIGNAL D : STD_LOGIC_VECTOR(7 DOWNTO 0);--8位待检测预置数(密码=E5H)
BEGIN
    D <= "11100101 " ;--8位待检测预置数
PROCESS( CLK, CLR )
BEGIN
IF CLR = '1' THEN    Q <= 0 ;
ELSIF   CLK'EVENT AND CLK='1' THEN --时钟到来时,判断并处理当前输入的位
CASE Q IS
WHEN 0=>    IF DIN = D(7) THEN Q <= 1 ; ELSE Q <= 0 ; END IF ;
WHEN 1=>    IF DIN = D(6) THEN Q <= 2 ; ELSE Q <= 0 ; END IF ;
WHEN 2=>    IF DIN = D(5) THEN Q <= 3 ; ELSE Q <= 0 ; END IF ;
WHEN 3=>    IF DIN = D(4) THEN Q <= 4 ; ELSE Q <= 0 ; END IF ;
WHEN 4=>    IF DIN = D(3) THEN Q <= 5 ; ELSE Q <= 0 ; END IF ;
WHEN 5=>    IF DIN = D(2) THEN Q <= 6 ; ELSE Q <= 0 ; END IF ;
WHEN 6=>    IF DIN = D(1) THEN Q <= 7 ; ELSE Q <= 0 ; END IF ;
WHEN 7=>    IF DIN = D(0) THEN Q <= 8 ; ELSE Q <= 0 ; END IF ;
WHEN OTHERS =>    Q <= 0 ;
END CASE ;
    END IF ;
END PROCESS ;
    PROCESS( Q )         --检测结果判断输出
BEGIN
  IF Q = 8   THEN   AB <= "1010" ; --序列数检测正确,输出 "A"
       ELSE      AB <= "1011" ;    --序列数检测错误,输出 "B"
        END IF ;
END PROCESS ;
END behav ;
```

要求1：说明程序代码中表达的是什么类型的状态机，它的优点是什么？详述

其功能和对序列数检测的逻辑过程。

要求2：根据程序代码写出由两个主控进程构成的相同功能的符号化Moore型有限状态机，画出状态图，并给出其仿真测试波形。

要求3：将8位待检测预置数作为外部输入信号，即可以随时改变序列检测器中的比较数据。写出此程序的符号化单进程有限状态机。

提示：对于 D<= "11100101"，电路需分别不间断记忆：初始状态、1、11、111、1110、11100、111001、1110010、11100101共9种状态。

7.3 在不改变原代码功能的条件下用两种方法改写例7.2，使其输出的控制信号（ALE、START、OE、LOCK）没有毛刺。

方法1：将输出信号锁存后输出；

方法2：使用状态码直接输出型状态机，并比较这三种状态机的特点。

7.4 序列检测器设计。

（1）实验目的：用状态机实现序列检测器的设计，了解一般状态机的设计与应用。

（2）实验原理：序列检测器的工作原理已在习题7.2中做了说明。

（3）实验内容：仔细完成习题7.2的全部内容，利用QuartusⅡ对习题7.2进行文本编辑输入、仿真测试并给出仿真波形，了解控制信号的时序。

（4）实验思考题：如果待检测预置数必须以右移方式进入序列检测器，写出该检测器的VHDL代码（两进程符号化有限状态机），并提出测试该序列检测器的实验方案。

（5）实验报告：根据以上的实验内容写出实验报告，包括设计原理、程序设计、程序分析、仿真分析、硬件测试和详细实验过程。

7.5 ADC0809采样控制电路实现。

（1）实验目的：学习用状态机对A/D转换器ADC0809的采样控制电路的实现。

（2）实验原理：ADC0809的采样控制原理已做了详细说明。ADC0809是CMOS的8位A/D转换器，片内有8路模拟开关，可控制8个模拟量中的一个进入转换器中。转换时间约100 μs，含锁存控制的8路多路开关，输出有三态缓冲器控制，单5 V电源供电。

主要控制信号如图7.10所示：START是转换启动信号，高电平有效；ALE是3位通道选择地址（ADDC、ADDB、ADDA）信号的锁存信号。当模拟量送至某一输入端（如IN1或IN2等），由3位地址信号选择，而地址信号由ALE锁存；EOC是转换情况状态信号，当启动转换约100 μs后，EOC产生一个负脉冲，以示转换结束；在EOC的上升沿后，若使输出使能信号OE为高电平，则控制打开三态缓冲器，把转换好的8位数据结果输至数据总线，至此ADC0809的一次转换结束。

（3）实验内容：利用 QuartusⅡ对例7.3进行文本编辑输入和仿真测试；给出仿真波形。

（4）实验思考题：在不改变原代码功能的条件下将例7.3表达成用状态码直接输出型的状态机。

（5）实验报告：根据以上的实验要求、实验内容和实验思考题写出实验报告。

情景 8　实验练习

实验一　组合逻辑 3-8 译码器的设计

【实验（上机）目的】

（1）掌握组合逻辑电路的设计方法。
（2）掌握组合逻辑电路的静态测试方法。
（3）初步掌握 Max+PlusII 软件的基本操作与应用。
（4）初步了解可编程要器件的设计全过程。

【实验（上机）内容】

一、设计输入

（1）软件的启动：单击"开始"，进入"程序"，选中"Max+PlusII 10.1 BASELINE"，打开" " MaxplusII 软件。
（2）启动 File\New 菜单，弹出设计输入选择窗口。选择 Graphic Editor File，单击 OK，打开原理图编辑器，进入原理图设计输入电路编辑状态，如图 8.1 所示。

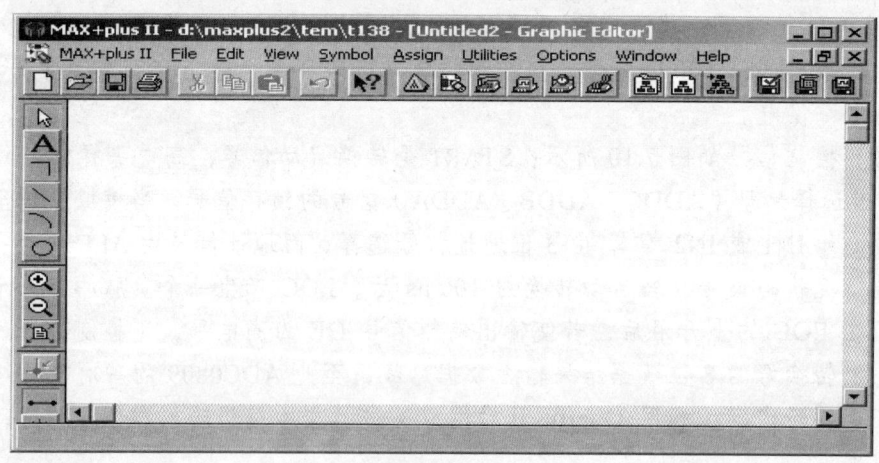

图 8.1

（3）设计输入：
① 放置一个器件在原理图上。

a. 在原理图的空白处双击鼠标右键，出现图 8.2。

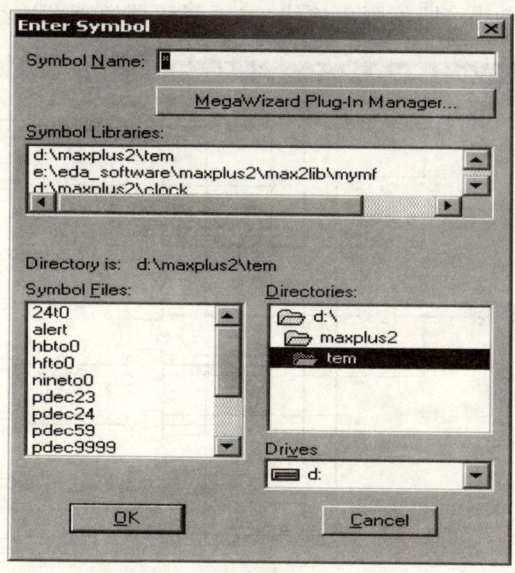

图 8.2

b. 在光标处输入元件名称（如：input，output，and2，and3，nand2，or2，not，xor，dff 等）或用鼠标点击库元件，按下"OK"即可。

c. 如果安放相同的元件，只要按住"Ctrl"键，同时用鼠标按左键拖动该元件复制即可。

d. 一个完整的电路包括：输入端口 input、电路元件集合、输出端口 output。

e. 图 8.3 为 3-8 译码器元件安放结果。

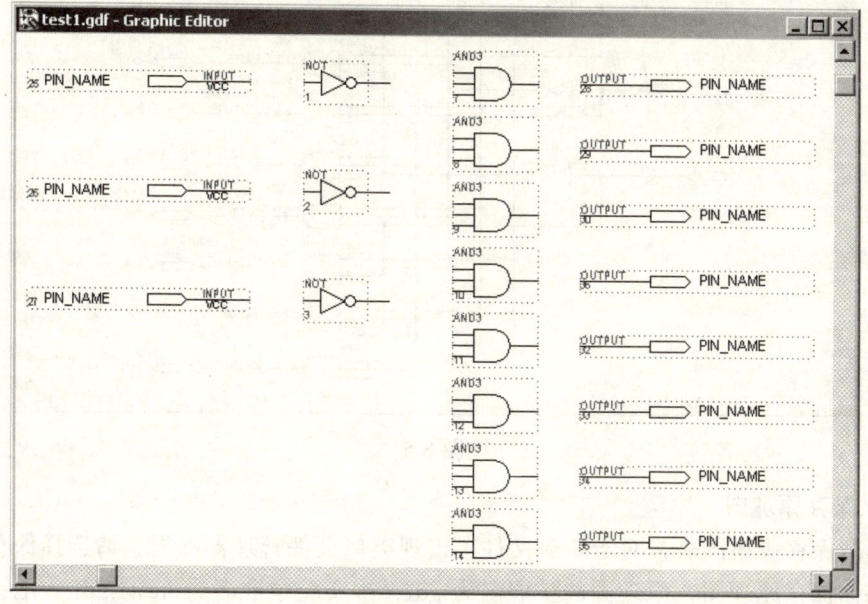

图 8.3

② 添加连线到器件的引脚上：把鼠标移到元件引脚附近，则鼠标自动由箭头变为十字，按住鼠标左键拖动，即可画出连线。3-8 译码器原理图连线后如图 8.4 所示。

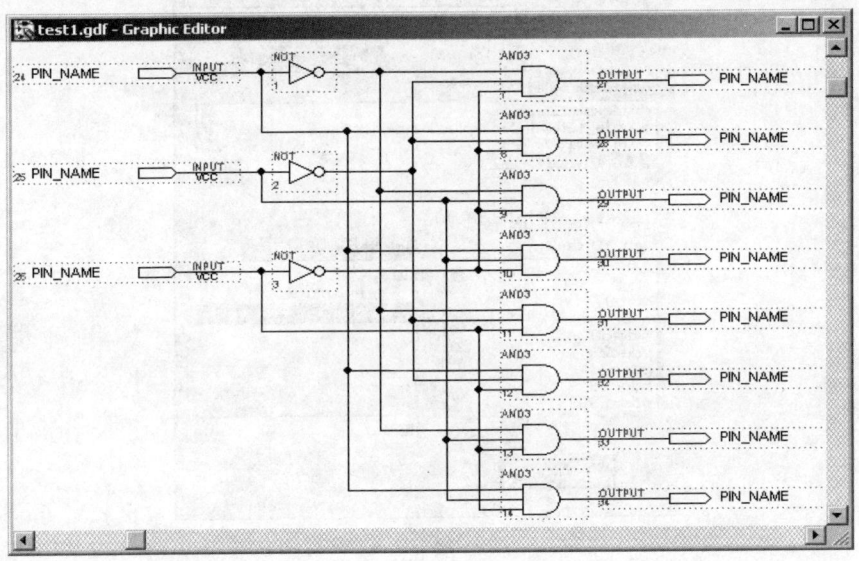

图 8.4

③ 标记输入/输出端口属性。

分别双击输入端口的"PINNAME"，当变成黑色时，即可输入标记符并回车确认；输出端口标记方法类似。本译码器的三输入端分别标记为：A、B、C；其八输出端分别为：D0、D1、D2、D3、D4、D5、D6、D7。如图 8.5 所示。

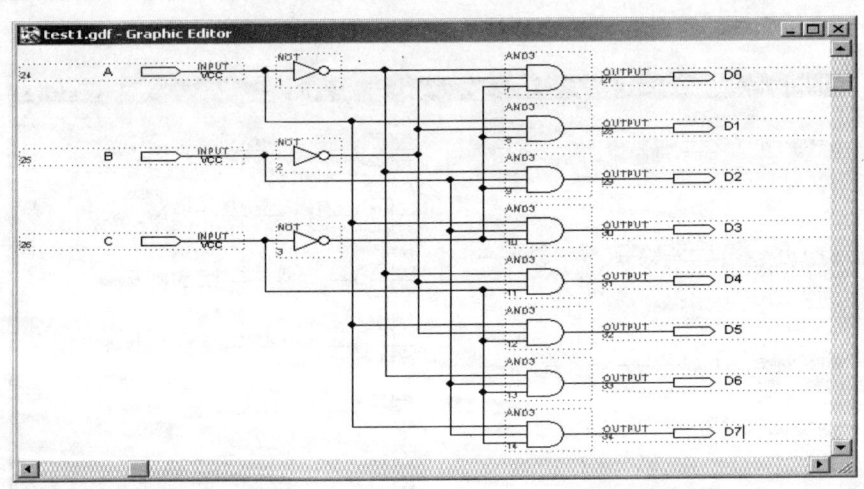

图 8.5

④ 保存原理图。

单击保存按钮图表，对于新建文件，出现类似文件管理器图框，请选择保存路径/文件名称保存原理图，原理图的扩展名为.gdf，本实验中取名为 test1.gdf。（注意：新建项目，一定要建立一个专门的文件夹保存项目文件，在编译过程中将有大量新文件产生。)

⑤ 点击 File\Project\Set project to current File,设置此项目为当前项目文件,如图 8.6 所示。注意此操作在打开几个原有项目文件时尤为重要,否则编译时容易出错。

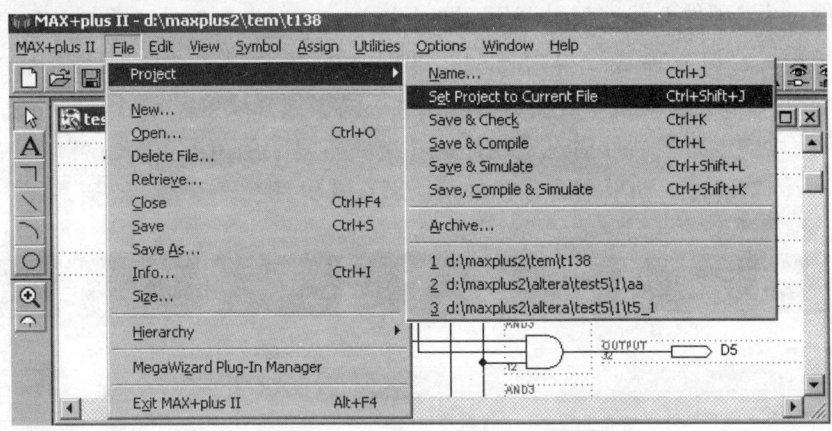

图 8.6

至此,已完成了一个电路原理图的设计输入过程。

二、电路的编译与适配

1. 选择芯片型号

选择当前项目文件欲设计实现的实际芯片进行编译适配,单击 Assign|Device 菜单选择芯片,如图 8.7 所示。

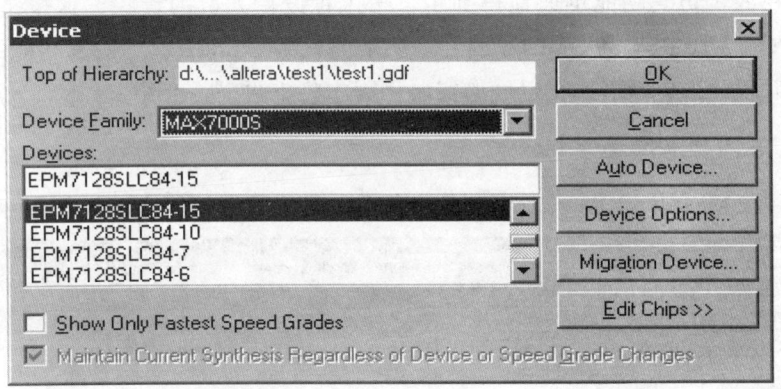

图 8.7

如果此时不选择适配芯片的话,该软件将自动把所有适合本电路的芯片一一进行编译适配,这将浪费许多时间。该例程中我们选用 CPLD 芯片来实现,如用 MAX7000S 系列的 EPM7128SLC84-15 芯片;同样也可以用 FPGA 芯片来实现,只需在下面的对话框中指出具体芯片型号即可。注意:如果将该列表下方标有"Show only Fastest Speed Grades"选项的"√"消去,以便显示出所有速度级别的器件。完成选择后单击"OK"按钮。

2. 编译适配

启动 MaxplusII\Compiler 菜单，按 Start 开始编译，并显示编译结果，生成下载文件。如果编译时选择的芯片是 CPLD，则生成*.pof 文件；如果是 FPGA 芯片，则生成*.sof 文件，以被硬件下载编程时调用。同时生成*.rpt 报告文件，可详细查看编译结果。如果有错误待修改后再进行编译适配，如图 8.8 所示。注意此时在主菜单栏里的 Processing 菜单下有许多编译时的选项，视实际情况选择设置。

如果设计的电路顺利地通过了编译，在电路不复杂的情况下，就可以对芯片进行编程下载，测试硬件。如果电路足够复杂，那么其仿真就显得非常必要。

图 8.8

三、电路仿真与时序分析

MaxplusII 教学版软件支持电路的功能仿真（或称前仿真）和时序分析（或称后仿真）。众所周知，开发人员在进行电路设计时，非常希望有比较先进的、高效的仿真工具出现，这将为设计过程节约很多时间和成本。由于 EDA 工具的出现，和它所提供的强大的（在线）仿真功能迅速地得到了电子工程设计人员的青睐，这也是当今 EDA（CPLD/FPGA）技术非常火爆的原因之一。下面就 MaxpluII 软件仿真功能的基本应用在本实验中做一初步介绍，在以后的实验例程中将不再一一介绍。

（一）添加仿真激励波形

（1）启动 MaxplusII\Wavefrom Editor 菜单，进入波形编辑窗口，如图 8.9 所示。

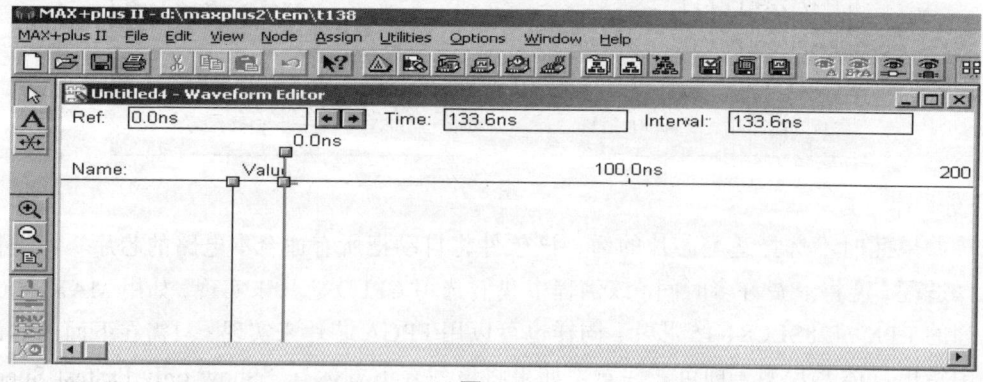

图 8.9

（2）将鼠标移至空白处并单击右键，出现如图 8.10 所示的对话窗口。

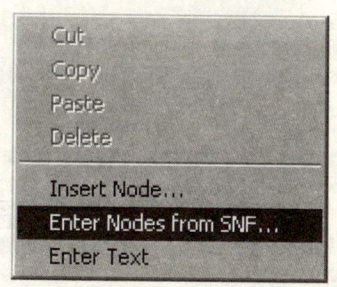

图 8.10

（3）选择 Enter Nodes from SNF 选项，并按左键确认，出现如图 8.11 所示对话框，单击" List "和" => "按钮，选择欲仿真的 I/O 管脚。

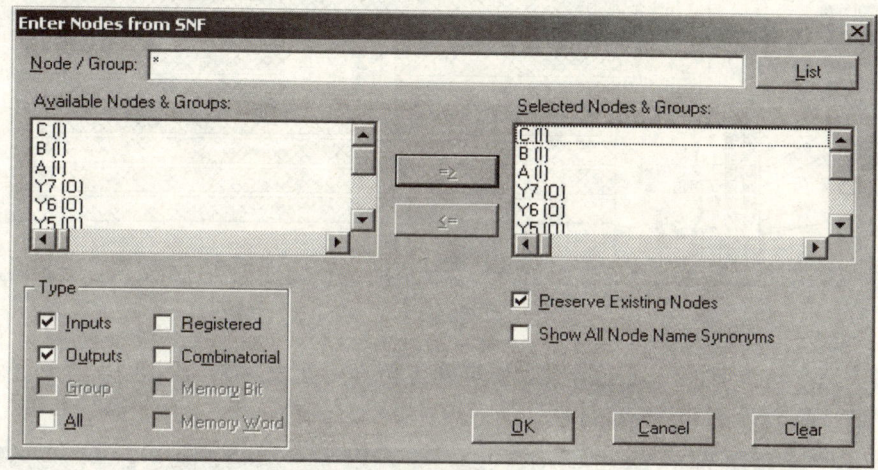

图 8.11

（4）单击 OK 按钮，列出仿真电路的输入、输出管脚图，如图 8.12 所示。在本电路中，3-8 译码器的输出为网格，表示未仿真前输出是未知的。

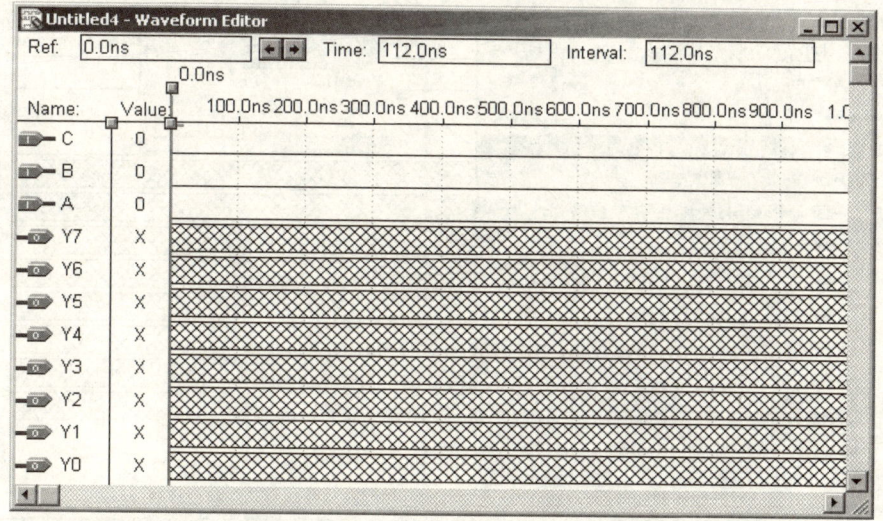

图 8.12

（5）准备为电路输入端添加激励波形。选中欲添加信号的管脚，窗口左边的信号源即可变成可操作状态，如图 8.13 中箭头和圆括号所示。根据实际要求选择信号源种类，在本电路中选择时钟信号就可以满足仿真要求。

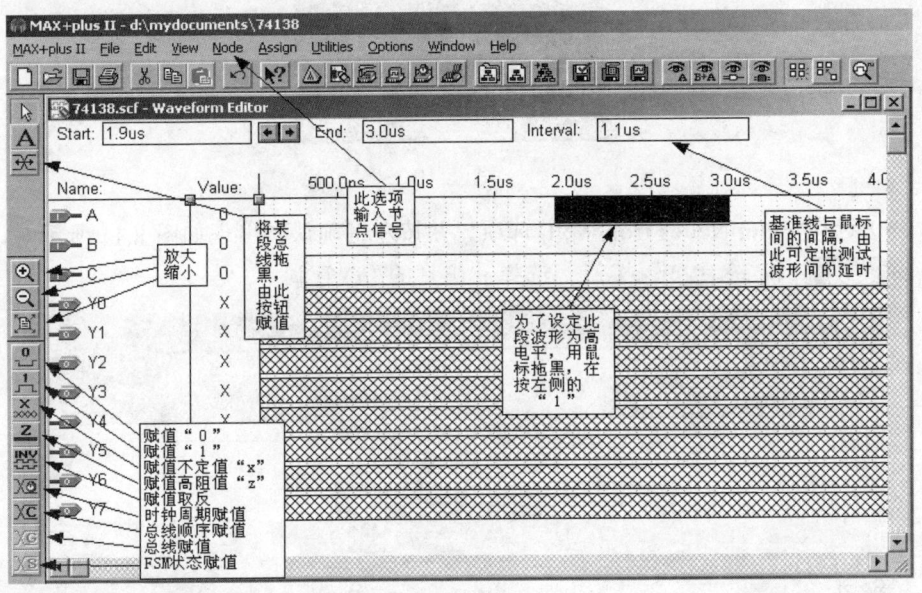

图 8.13

（6）选择仿真时间：视电路实际要求确定仿真时间长短，如图 8.14 所示。本实验中，我们选择软件的默认时间 1 μs 就能观察到 3-8 译码器的 8 个输出状态。

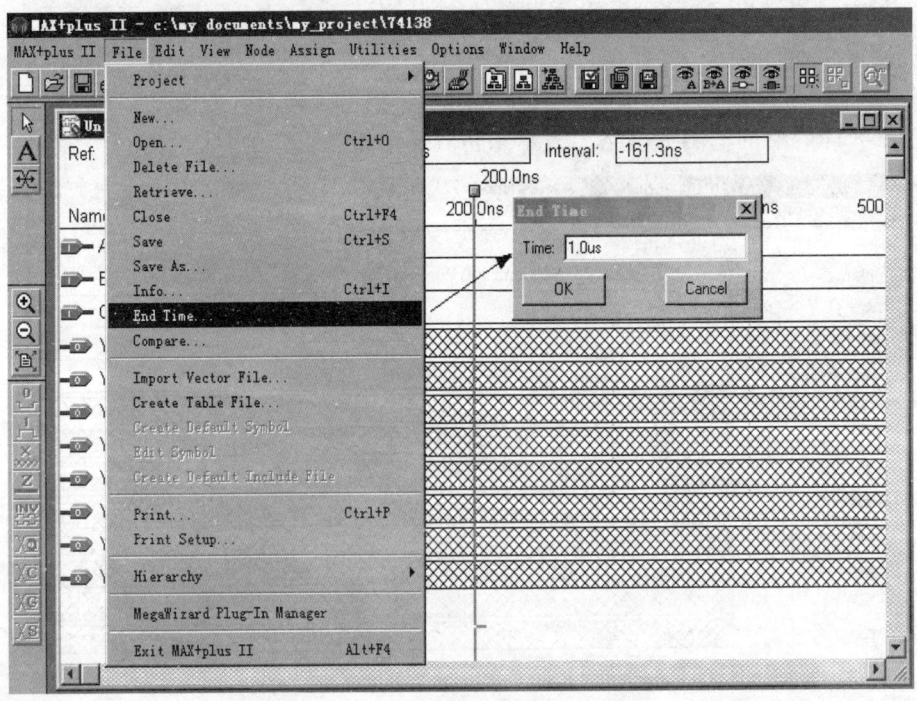

图 8.14

（7）为 A、B、C 三输入端添加信号：先选中 A 输入端"▆━ A"，然后点击窗口左侧的时钟信号源图标"▆"添加激励波形，出现如图 8.15 所示的对话窗口。

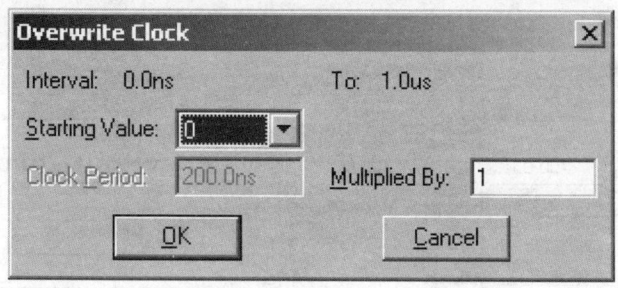

图 8.15

（8）在本例程中，选择初始电平为"0"，时钟周期倍数为"1"（时钟周期倍数只能为 1 的整数倍）并按 OK 确认。经上述操作我们已为 A 输入端添加完激励信号，点击全屏显示，如图 8.16 所示。

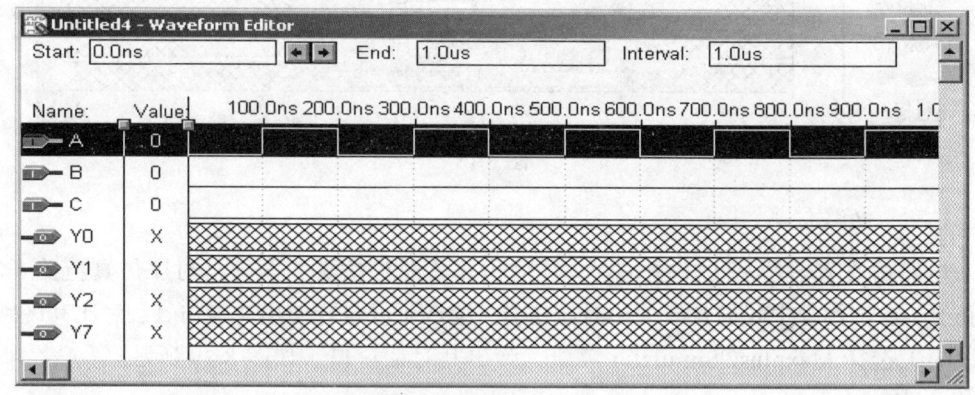

图 8.16

（9）根据电路要求编辑另外两路输入端激励信号波形，在本实验中，3-8 译码器的 A、B、C 三路信号的频率分别为 1、2、4 倍关系，其译码输出顺序就符合我们的观察习惯。按上述方法为 B、C 两路端口添加波形后单击左边全屏显示图表"▆"，三路激励信号的编辑结果为图 8.17 所示。

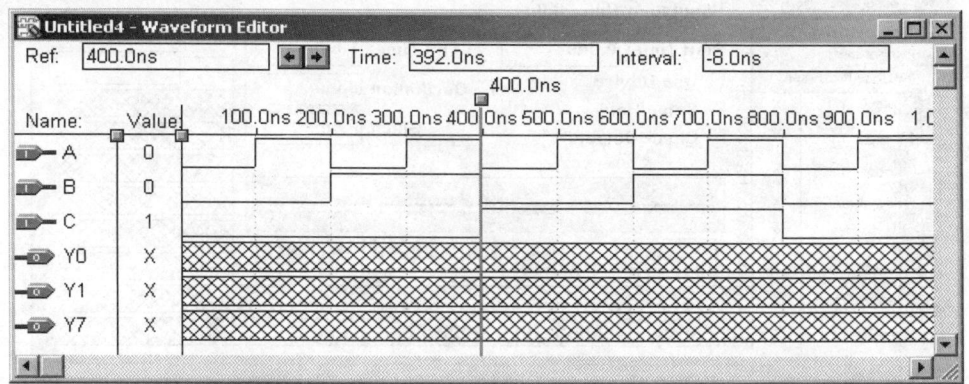

图 8.17

- 145 -

（10）保存激励信号编辑结果：使用 File | Save，或关闭当前波形编辑窗口时均出现如图 8.18 所示的会话框，注意此时文件名不要随意改动，单击 OK 按钮保存激励信号波形。

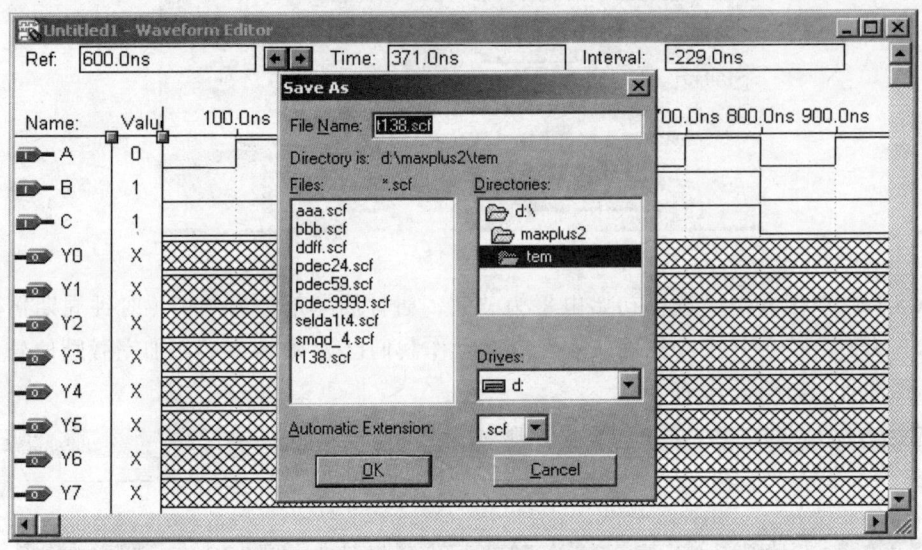

图 8.18

（二）电路仿真

电路仿真有前仿真（功能仿真）和后仿真（时序仿真）两种，时序仿真覆盖了功能仿真，在该例程中我们直接使用时序仿真。读者可以自行使用功能仿真，对比其区别。

（1）选择 Maxplus2|Simulator 菜单，弹出其对话窗口，如图 8.19 所示。

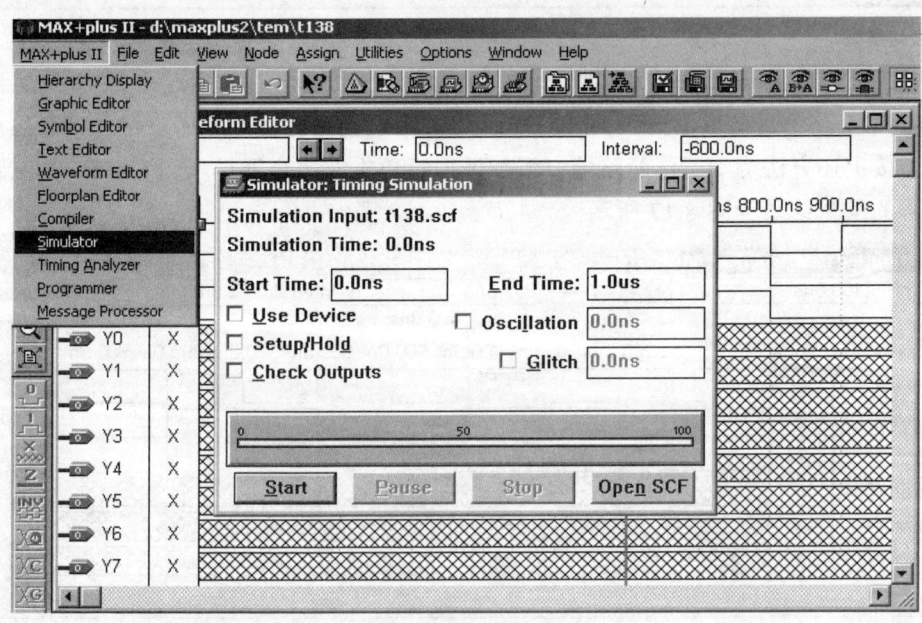

图 8.19

（2）确定仿真时间，End Time 为"1"的整数倍。注意：如果在添加激励信号完成后设置结束时间的话，此时仿真窗口中就不能修改 End Time 参数了。在该例程中，我们使用的是默认时间，单击 Start 开始仿真，如有出错报告，请查找原因，一般是激励信号添加有误。本电路仿真结果报告中无错误、无警告，如图 8.20 所示。

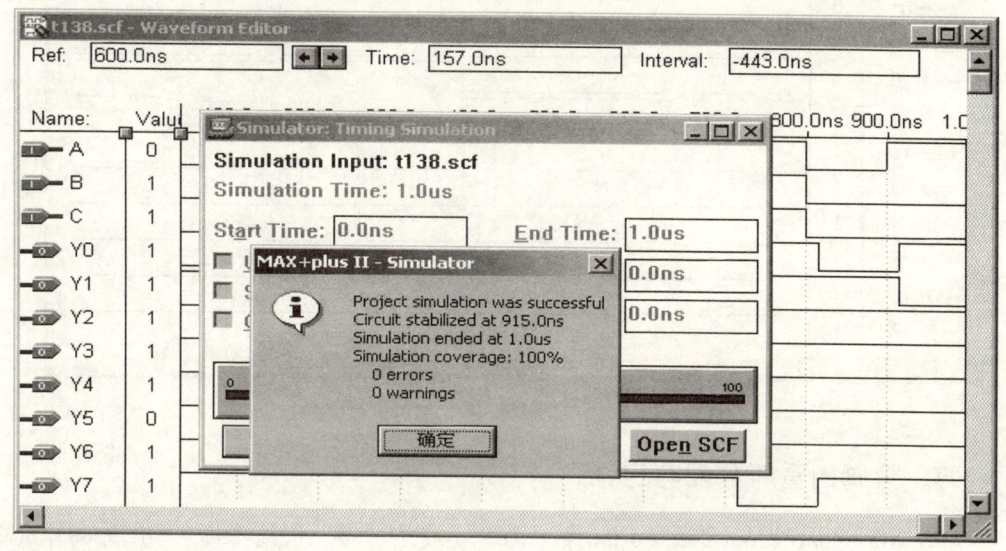

图 8.20

（3）观察电路仿真结果，请单击"确定"后，单击激励输出波形文件"Open SCF"图标。如图 8.21 所示。

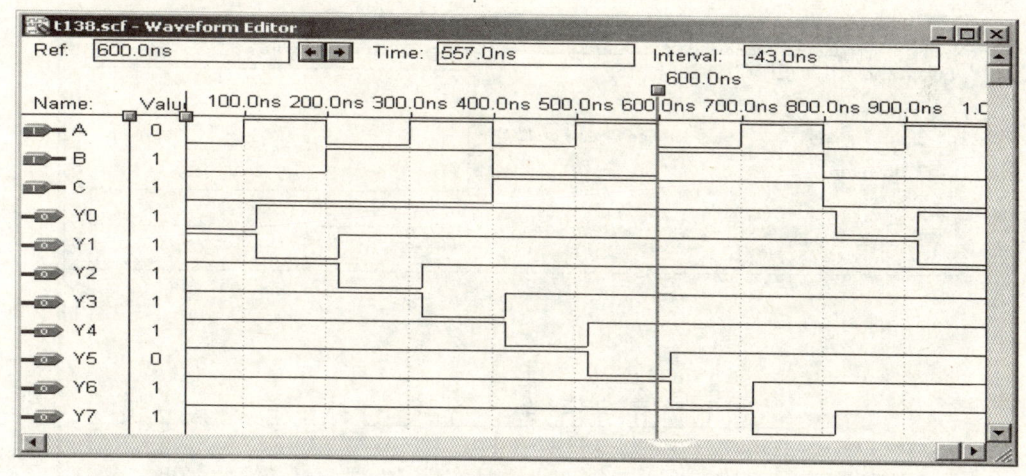

图 8.21

（4）从图 8.21 可见，所设计的 3-8 译码器顺利地通过了仿真，设计完全正确。点击"🔍"将图 8.21 放大，仔细观察一下电路的时序，在空白处单击鼠标的右键，出现测量标尺，然后将标尺拖至欲测量的地方，查看延时情况，如图 8.22 所示。

从图 8.22 可以看到，这个电路在实际工作时，激励输出有 15.6 ns 的延迟时间。至此，已完成和掌握了软件的仿真功能。

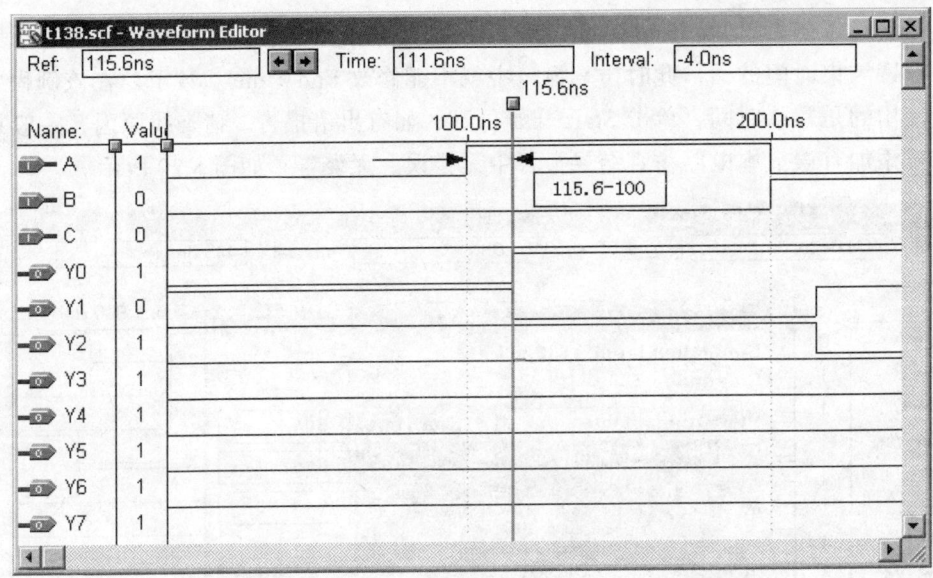

图 8.22

四、管脚的重新分配与定位

启动 MaxplusII\Floorplan Editor 菜单命令（或按 "▣" 快捷图标），出现如图 8.23 所示的芯片管脚自动分配画面，点击 "▣" 图标，所有管脚将会在 "Unassigned Nodes & Pins:" 中显示。可在芯片的空白处试着双击鼠标左键，我们会发现这样的操作可在芯片和芯片内部之间进行切换，可观察到芯片内部的逻辑块等。

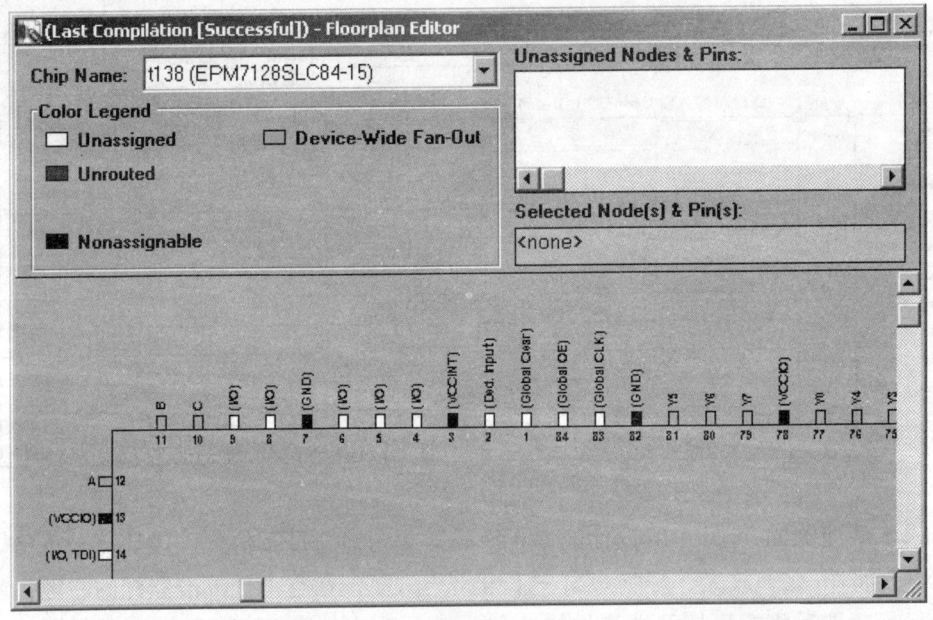

图 8.23

Foolrplan Editor 展示的是该设计项目的管脚分配图。这是由软件自动分配的。用户可随意改变管脚分配，以方便与外设电路进行匹配。管脚编辑过程如下：

（1）按下窗口左边手动分配图标"图"，所有管脚将会出现在窗口中，如图 8.24 中箭头所指。

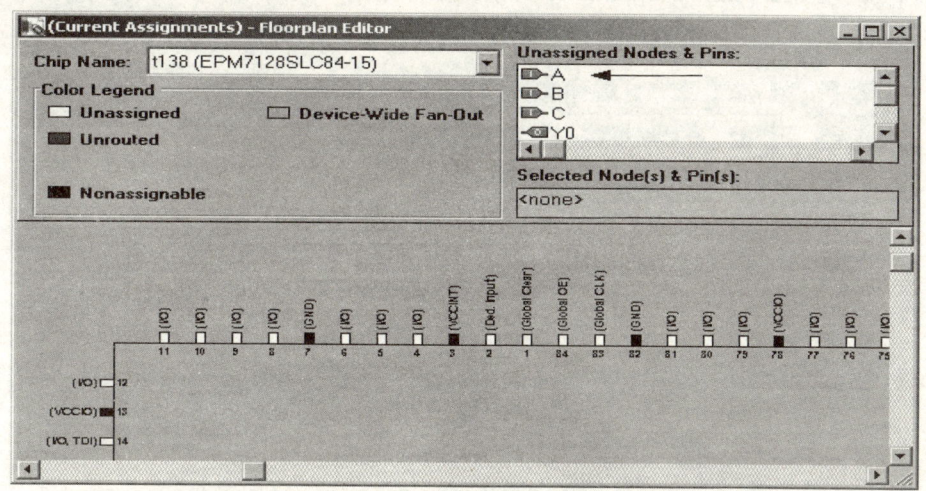

图 8.24

（2）用鼠标按住某输入|输出端口，并拖到下面芯片的某一管脚上，松开鼠标左键，便可完成一个管脚的重新分配（读者可以试着在管脚之间相互拖曳，这样会非常方便）。注意：芯片上有一些特定的管脚不能被占用，进行管脚编辑时一定要注意。另外，在芯片器件选择中，如果选的是 Auto，则不允许对管脚进行再分配。当你对管脚进行二次调整以后，一定要再编译一次，否则程序下载以后，其管脚功能还是当初的自动分配状态。

五、器件下载编程与硬件实现

（一）实验电路板上的连线

用三位拨码开关代表译码器的输入端 A、B、C，将之分别与 EPM7128SLC84-15 芯片的相应管脚相连；用 LED 灯来表示译码器的输出，将 D0…D7 对应的管脚分别与 8 只 LED 灯相连。试验结果如表 8.1 所示。

表 8.1 试验结果

A	B	C	LED0	LED1	LED2	LED3	LED4	LED5	LED6	LED7
0	0	0	亮	灭	灭	灭	灭	灭	灭	灭
1	0	0	灭	亮	灭	灭	灭	灭	灭	灭
0	1	0	灭	灭	亮	灭	灭	灭	灭	灭
1	1	0	灭	灭	灭	亮	灭	灭	灭	灭
0	0	1	灭	灭	灭	灭	亮	灭	灭	灭
1	0	1	灭	灭	灭	灭	灭	亮	灭	灭
0	1	1	灭	灭	灭	灭	灭	灭	亮	灭
1	1	1	灭	灭	灭	灭	灭	灭	灭	亮

（二）器件编程下载

（1）启动 MaxplusII\Programmer 菜单，如果是第一次启用，将出现如图 8.25 所示的对话框，请填写硬件类型，选择"ByteBlaster（MV）"并按下 OK 确认即可。

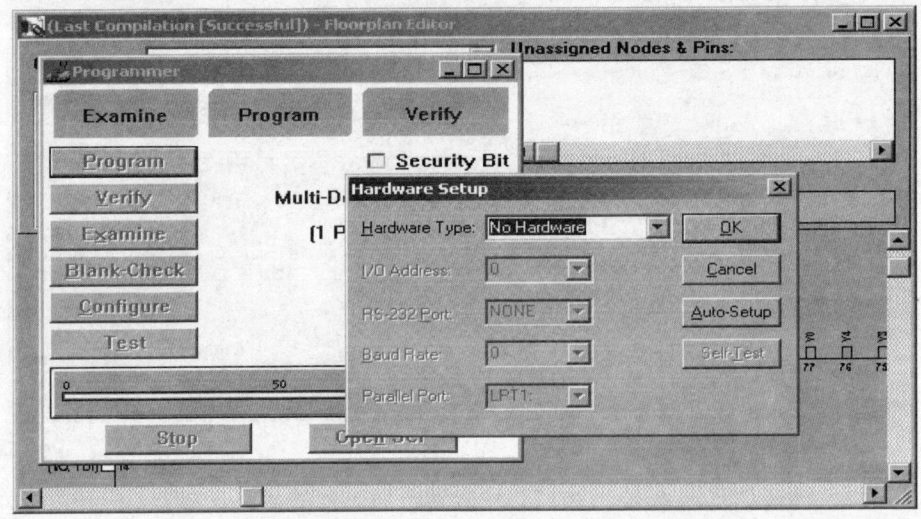

图 8.25

（2）启用 JTAG\Multi-Device JTAG Chain Setup...菜单项，按 Select Programming File...按钮，选择要下载的*.pof 文件。然后按 Add 加到文件列表中，如图 8.26 所示（如果编译时选择的是 FPGA 芯片，此时要选择的下载文件为*.sof），如果不是当前要下载编程的文件的话，请使用 Delete 将其删除。

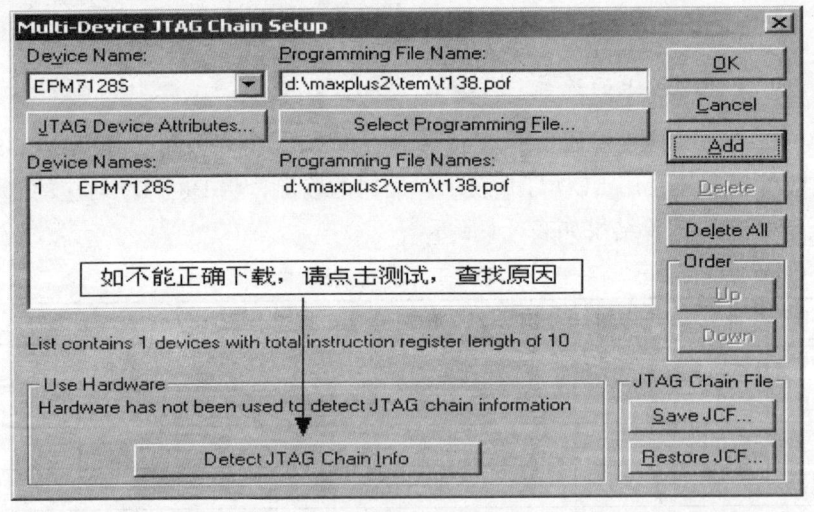

图 8.26

（3）选择完下载文件后，单击 OK 确定，出现如图 8.27 所示的下载编程界面。

（4）单击 Pogram 按钮，进行下载编程，如不能正确下载，请点击 Detect JTAG chain info 按钮进行 JTAG 测试，查找原因，直至完成下载，最后按 OK 退出。至此，已经完成了可编程器件从设计到下载实现的整个过程。

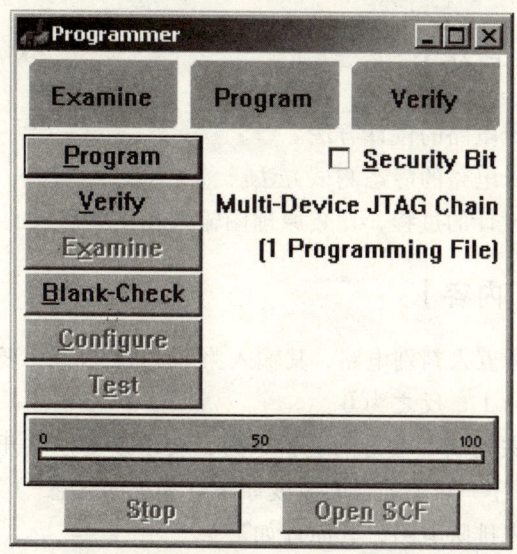

图 8.27

（5）结合电路功能，观察设计实现的正确结果。

说明：通过对本实验的学习，相信读者对 MaxplusII 软件已经有了一定的认识，同样对 CPLD 可编程器件的整个设计过程也有了一个完整的概念。

【实验（上机）环境】

（1）计算机（486 以上 IBMPC 机或兼容机，8M 以上内存，80M 以上硬盘）。
（2）操作系统 WindowsXP 以上。

【预备知识】

MaxplusII 软件已经有了一定的认识，同样对 CPLD 可编程器件的整个设计过程及概念和思路。

【实验（上机）步骤】

（1）设计输入。
（2）电路的编译与适配。
（3）电路仿真与时序分析。

【考核内容】

（1）掌握组合逻辑电路的设计方法。
（2）掌握组合逻辑电路的静态测试方法。

实验二 组合逻辑电路的设计

【实验（上机）目的】

（1）掌握组合逻辑电路的设计方法。
（2）掌握组合逻辑电路的静态测试方法。
（3）熟悉 CPLD 设计的过程，比较原理图输入和文本输入的优劣。

【实验（上机）内容】

（1）设计一个四舍五入判别电路，其输入为 8421BCD 码，要求当输入大于或等于 5 时，判别电路输出为 1，反之为 0。

（2）设计四个开关控制一盏灯的逻辑电路，要求改变任意开关的状态能够引起灯亮灭状态的改变。（即任一开关的合断改变原来灯亮灭的状态。）

（3）设计一个优先排队电路，其原理如下：

排队顺序：

A=1　最高优先级

B=1　次高优先级

C=1　最低优先级

要求输出端最多只能有一端为"1"，即只能是优先级较高的输入端所对应的输出端为"1"。

参考原理图：

（1）①方式 1 原理图，如图 8.28 所示。

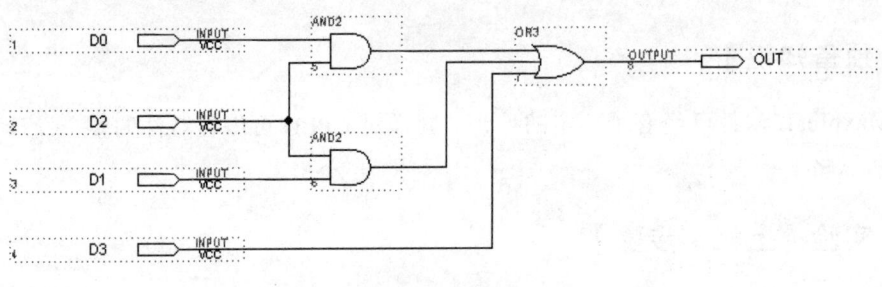

图 8.28

② VHDL 硬件描述语言输入：

```
SUBDESIGN t5_1
(
    d0, d1, d2, d3: INPUT;
    out: OUTPUT;
)
```

BEGIN
　　IF((d3, d2, d1, d0) >= 5) THEN
　　out=VCC;
　　ELSE
　　　　out=GND;
　　END IF;
END;

（2）① 方式2原理图，如图8.29所示。

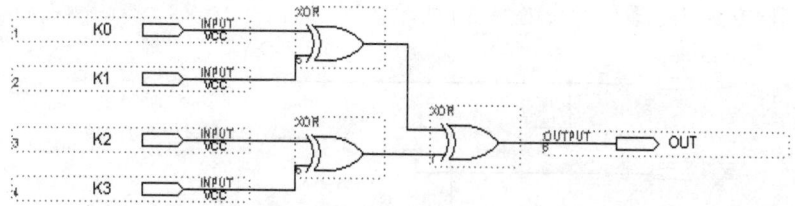

图 8.29

② AHDL 硬件描述语言输入：

SUBDESIGN t5_2
(
　　k0, k1, k2, k3: INPUT;
　　out: OUTPUT;
)
BEGIN
　TABLE
　　　（k3, k2, k1, k0）　=>　　out;
　　　　B"0000"　　=>　GND;
　　　　B"0001"　　=>　VCC;
　　　　B"0011"　　=>　GND;
　　　　B"0010"　　=>　VCC;
　　　　B"0110"　　=>　GND;
　　　　B"0111"　　=>　VCC;
　　　　B"0101"　　=>　GND;
　　　　B"0100"　　=>　VCC;
　　　　B"1100"　　=>　GND;
　　　　B"1101"　　=>　VCC;

```
            B"1111"       =>   GND;
            B"1110"       =>   VCC;
            B"1010"       =>   GND;
            B"1011"       =>   VCC;
            B"1001"       =>   GND;
            B"1000"       =>   VCC;
        END TABLE;
END;
```

（3）① 方式 3 原理图，如图 8.30 所示。

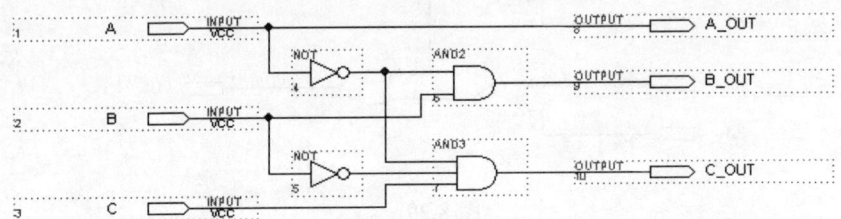

图 8.30

② AHDL 硬件描述语言输入：

```
SUBDESIGN t5_3
(
   a,b,c                 :   INPUT;
   a_out,b_out,c_out :   OUTPUT;
)
BEGIN
   IF a THEN
      a_out=VCC; b_out=GND; c_out=GND;
   ELSIF b THEN
      a_out=GND; b_out=VCC; c_out=GND;
   ELSIF c THEN
      a_out=GND; b_out=GND; c_out=VCC;
   ELSE
      a_out=GND;
      b_out=GND;
      c_out=GND;
   END IF;
END;
```

【实验（上机）环境】

（1）输入：按键开关（常高）4个；拨码开关 4 位。
（2）输出：LED 灯。
（3）主芯片：Altera EPM7128SLC84-15。

【预备知识】

（1）设计一个四舍五入判别电路，其输入为 8421BCD 码，要求当输入大于或等于 5 时，判别电路输出为 1，反之为 0。
（2）设计四个开关控制一盏灯的逻辑电路，要求改变任意开关的状态能够引起灯亮灭状态的改变。（即任一开关的合断改变原来灯亮灭的状态。）

【实验（上机）步骤】

（1）对于原理图设计要求有设计过程。
（2）详细论述实验步骤。
（3）写一些对比两种硬件设计输入法优劣的心得。

【考核内容】

（1）对于原理图设计要求有设计过程。
（2）详细论述实验步骤。
（3）写一些对比两种硬件设计输入法优劣的心得。

实验三 触发器功能的模拟实现

【实验（上机）目的】

（1）掌握触发器功能的测试方法。
（2）掌握基本 RS 触发器的组成及工作原理。
（3）掌握集成 JK 触发器和 D 触发器的逻辑功能及触发方式。
（4）掌握几种主要触发器之间相互转换的方法。
（5）通过实验、体会 CPLD 芯片的高集成度和多 I\O 口。

【实验（上机）内容】

（1）将基本 RS 触发器、同步 RS 触发器、集成 J-K 触发器、D 触发器同时集成一个 CPLD 芯片中模拟其功能，并研究其相互转换的方法。
（2）实验的具体实现要连线测试。

【实验（上机）环境】

主芯片 Altera EPM7128SLC84-15，时钟，按键开关，拨码开关，逻辑"1""0"，LED 灯。

【预备知识】

基本 RS 触发器，同步 RS 触发器，集成 J-K 触发器，D 触发器。

【实验（上机）步骤】

1. 实验连线

输入信号 Sd、Rd 对应的管脚接按键开关，CLK1、CLK2 接时钟源（频率<5 Hz）；J，K，D，R，S 对应的管脚分别接拨码开关；输出信号 QRS，NQRS，QRSC，NQRSC，QJK，NQJK，QD，NQD 对应管脚分别接 LED 灯。

另外准备几根连线，改变成"T 触发器"时，短接相应的管脚，或连接"0""1"电平。

2. 实验报告

填写下列表格（表 8-2 ~ 8-5）。

表 8-2 RS 寄存器

Rd	Sd	Q	NQ	说明
0	1			
1	0			
1	1			
0	0			

表 8-3 RS 锁存器

R	S	CLK1	Rd	Sd	Q^n	Q^{n+1}	Q^{n-1}	说明
X	X	X	1	0				
X	X	X	0	1				
X	X	X	0	0				
X	X	0	1	1				
0	0	1	1	1				
0	1	1	1	1				
1	0	1	1	1				
1	1	1	1	1				

表 8-4 D 触发器

INPUTS				OUTPUTS	
D	CLK2	Rd	Sd	Q	NQ
X	X	0	1		
X	X	1	0		
X	X	0	0		
X	0	1	1		
X	1	1	1		
0	↑	1	1		
1	↑	1	1		

表 8-5 JK 触发器

J	K	CLK1	Rd	Sd	Q^n	Q^{n+1}	NQ^{n+1}
X	X	X	0	1			
X	X	X	1	0			
X	X	X	0	0			
X	X	0	1	1			
X	X	1	1	1			
0	0	※	1	1			
0	1	※	1	1			
1	0	↓	1	1			
1	1	↓	1	1			

分别将 JK 触发器和 D 触发器接触 T 触发器，模拟其工作状态，并画出其波形图。

实验四 扫描显示驱动电路

【实验（上机）目的】

了解教学系统中 8 位八段数码管显示模块的工作原理，设计标准扫描驱动电路模块，以备后面实验用。

【实验（上机）内容】

（1）用拨码开关产生 8421BCD 码，用 CPLD 产生字形编码电路和扫描驱动电路，然后进行仿真，观察波形，正确后编程下载实验测试。调节时钟频率，感受扫描的过程，并观察字符的亮度和显示刷新的效果。

（2）编一个简单的从 0~F 轮换显示十六进制数的电路。

【实验（上机）环境】

主芯片 Altera EPM7128SLC84-15，时钟，8 位八段数码管显示器，四位拨码开关。

【预备知识】

文本编辑器的使用说明。

【实验（上机）步骤】

1. 输入信号

（1）D3，D2，D1，D0 所对应的管脚同四位拨码开关相连。

（2）清零信号 RESET 所对应的管脚同按键开关相连。

（3）时钟 CLK 所对应的管脚同试验箱上的时钟源相连。

2. 输出信号

（1）代表扫描片选地址信号 SEL2，SEL1，SEL0 的管脚同四位扫描驱动地址的低三位相连，最高位地址接"0"（也可悬空）。

（2）代表七段数码驱动信号 a，b，c，d，e，f，g 的管脚分别同扫描数码管的段输入 a，b，c，d，e，f，g 相连。

【考核内容】

（1）字形编码的种类，即一个 8 段数码管可产生多少种字符，产生所有字符需多少根译码信号线？

（2）字符显示亮度和扫描频率的关系，且让人感觉不出光烁现象的最低扫描频率是多少？

实验五　计数器及时序电路

【实验（上机）目的】

（1）了解时序电路的经典设计方法（D 触发器、JK 触发器和一般逻辑门组成的时序逻辑电路）。

（2）了解同步计数器、异步计数器的使用方法。

（3）了解同步计数器通过清零阻塞法和预显数法得到循环任意进制计数器的方法。

（4）理解时序电路和同步计数器加译码电路的联系，设计任意编码计数器。

（5）了解同步芯片和异步芯片的区别。

【实验（上机）内容】

（1）用 D 触发器设计异步四位二进制加法计数器。

（2）用 JK 触发器设计异步十进制减法计数器。

（3）用 74161 两个宏连接成八位二进制同步计数器。

（4）用 74390 两个宏连接成八位十进制异步计数器。

（5）用 74161 用清零和置数法组成六进制和十二进制计数器。

（6）分别用 D 触发器和同步计数器加译码电路的方法构成 7 进制电路实现如下编码：

[0→2→5→3→4→6→1]循环

【实验（上机）环境】

主芯片 Altera EPM7128SLC84-15，时钟，四位八段数码管。

【预备知识】

在 CPLD 设计中，同步设计和异步设计的不同之处。

【实验（上机）步骤】

实验内容中的六个实验均要通过实验四的"扫描显示电路"进行显示，具体连线根据每个实验内容完成时的管脚分配来定义，同相应的输入输出接口功能模块相连，扫描模块的连接参考实验四。

（1）实验参考原理图，如图 8.31 所示。

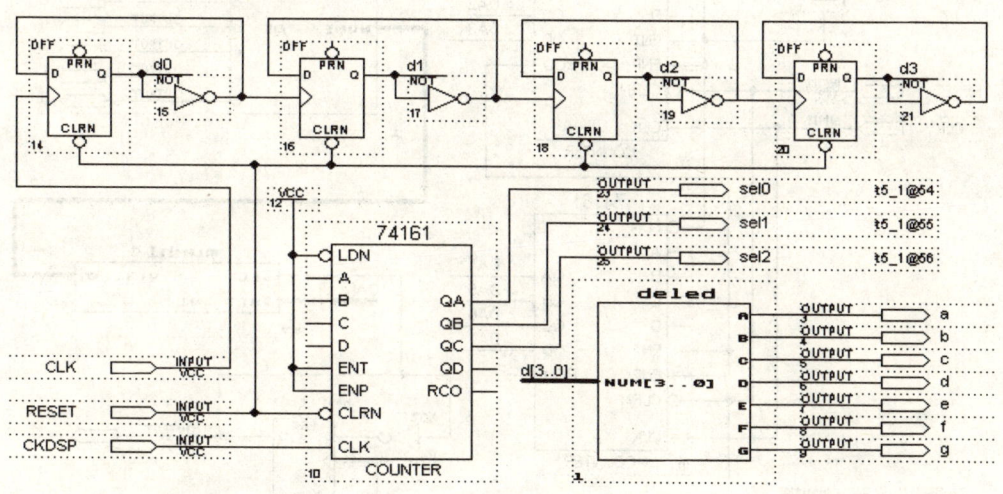

图 8.31 （t8-1.gdf）

t8_1.gdf 说明：计数时钟频率 CLK<2 Hz；扫描时钟频率>40 Hz；四位 D 触发器接成异步计数器；SEL0～SEL2 为扫描地址（控制八位数码管的扫描顺序和速度）；A…G 为显示译码输出，代表数码管的八个段位（a, b, c, d, e, f, g）。

八位数码管同时顺序显示 0～F。

（2）实验参考原理图，如图8.32所示。

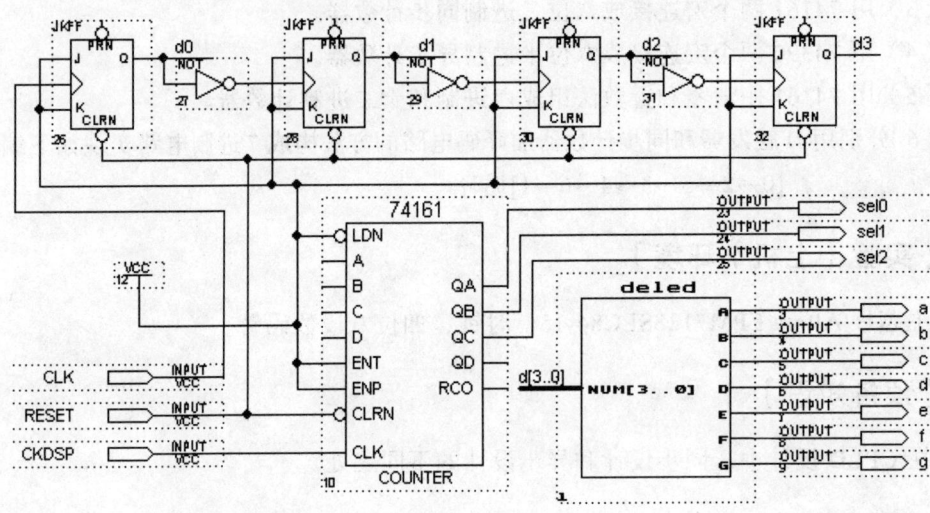

图 8.32　（t8_2.gdf）

（3）实验参考原理图，如图8.33所示。

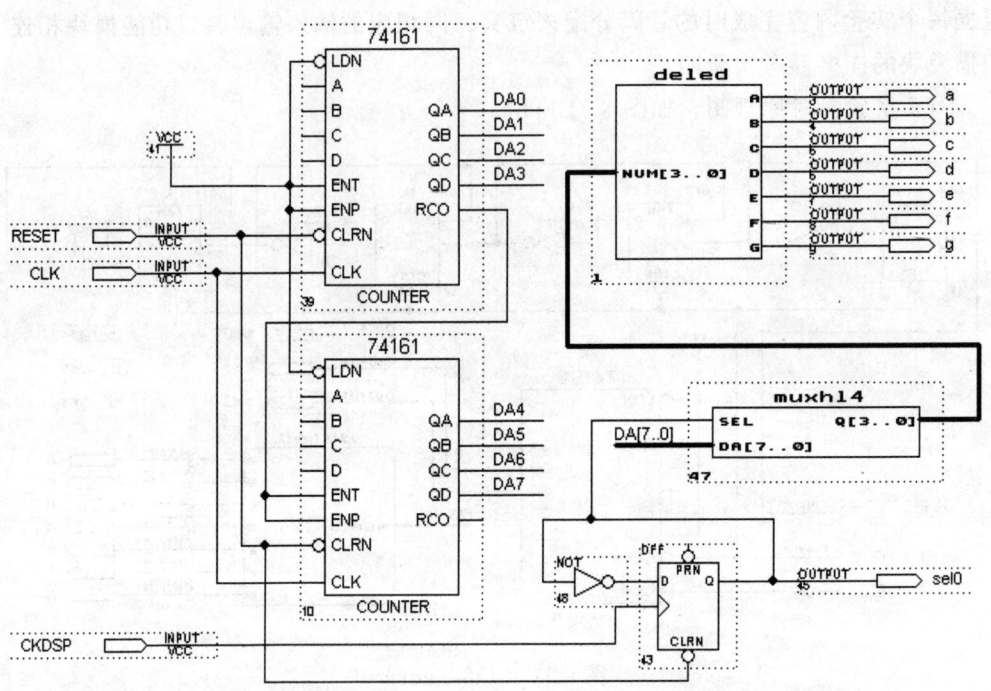

图 8.33　（t8_3.gdf）

说明：两个74161串接成典型的同步计数器；muxh14完成扫描数据切换；两位数码管同时显示00~FF。

（4）实验参考原理图，如图8.34所示。

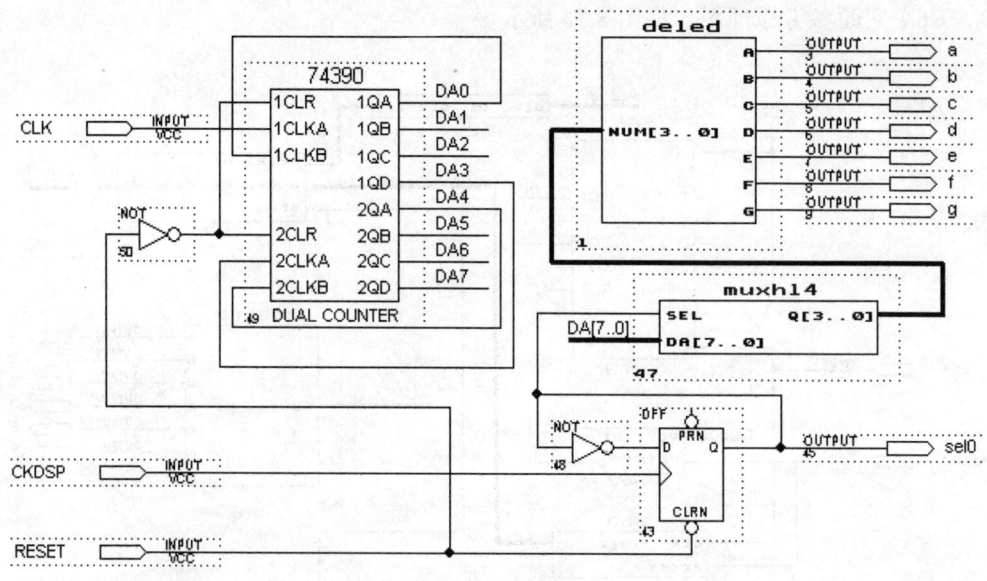

图 8.34 （t8_4.gdf）

说明基本同前；

两位数码管同时顺序显示十进制 00～99。

（5）实验参考原理图，如图 8.35 所示。

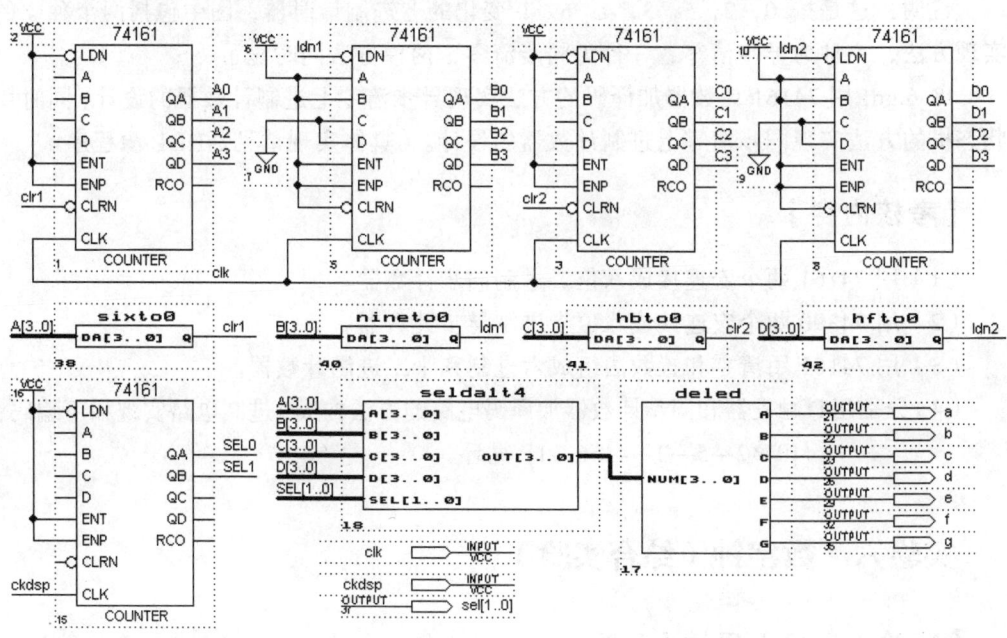

图 8.35 （t8_5.gdf）

说明：清零法分别完成 0～6、0～B 的顺序计数；置位法分别完成 3～9、3～F 的顺序计数，用四个数码管显示四个计数状态。

（6）实验参考原理图，如图 8.36 所示。

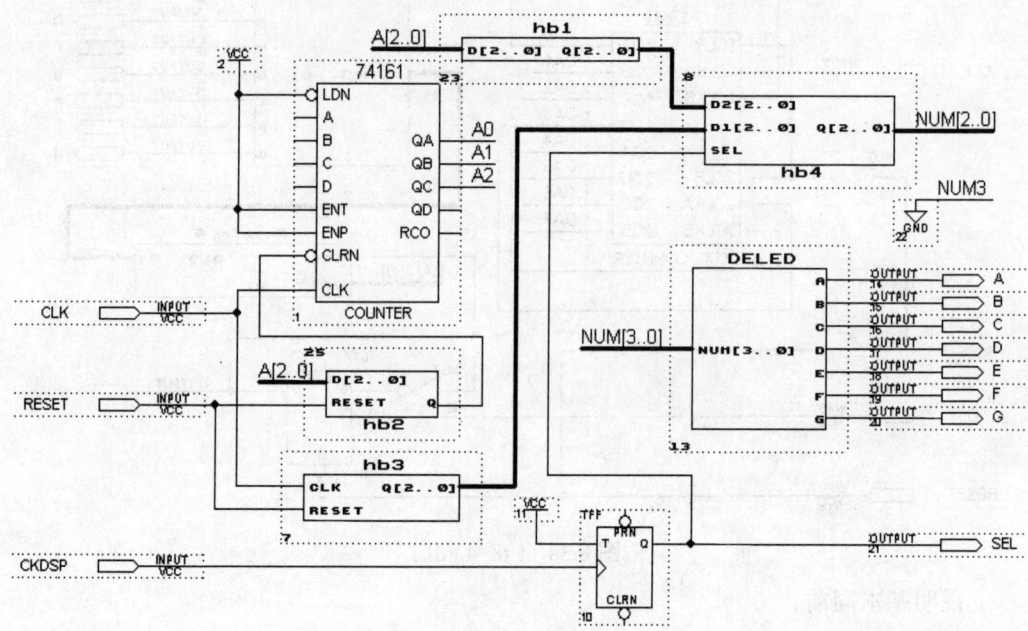

图 8.36 （t8_6.gdf）

说明：这是按 0，2，5，3，4，6，1 变化的七进制计时器；图中包括两个独立的实现方法，一种为异步清零，一种为同步清零，两种方法同时显示；

t8_6.gdf 用 74161 计数器加译码的方法实现异步清零七进制计数器的设计，同时用状态机的方法实现同步清零七进制计数器的设计。（具体实现请见 AHDL 源程序）

【考核内容】

（1）用 74161 两个宏连接成八位二进制同步计数器。
（2）用 74390 两个宏连接成八位十进制异步计数器。
（3）用 74161 用清零和置数法组成六进制和十二进制计数器。
（4）分别用 D 触发器和同步计数器加译码电路的方法构成 7 进制电路实现如下编码：
　　　　　[0→2→5→3→4→6→1] 循环

实验六　数字钟（综合实验）

【实验（上机）目的】

（1）掌握多位计数器相连的设计方法。
（2）掌握十进制、六进制，二十四进制计数器的设计方法。
（3）继续巩固多位共阴极扫描显示数码管的驱动及编码。

（4）掌握扬声器的驱动。

（5）LED 灯的花样显示。

（6）掌握 CPLD 技术的层次化设计方法。

【实验（上机）内容】

（1）根据电路特点，可在教师指导下用层次设计概念。将此设计任务分成若干模块，规定每一模块的功能和各模块之间的接口。让几个学生分做和调试其中之一，然后将各模块会起来联试，以培养学生之间的合作精神，同时加深层次化设计概念。

（2）了解软件的元件管理深层含义，以及模块元件之间的连接概念，对于不同目录下的同一设计，考虑应该如何融合。

【实验（上机）环境】

（1）主芯片 Altera EPM7128SLC84-15。

（2）8 个 LED 灯。

（3）扬声器。

（4）8 位 8 段扫描共阴极数码显示管。

（5）三个按键开关（清零，调小时，调分钟）。

【预备知识】

体会 CPLD 整个设计的优点，以及用扫描电路实现显示功能的潜在好处。然后集体讨论交流，相互加深对 CPLD 芯片设计过程的理解。

【实验（上机）步骤】

1. 输入接口

（1）代表清零、调时、调分信号 RESET、SETHOUR、SETMIN 的管脚分别连接按键开关。

（2）代表计数时钟信号 CLK 和扫描时钟信号 CKDSP 的管脚分别同 1 Hz 时钟源和 32 Hz（或更高）时钟源相连。

2. 输出接口

（1）代表扫描显示的驱动信号管脚 SEL2、SEL1、SEL0 和 a, b, c, d, e, f, g 参照实验四的连法。

（2）代表扬声器驱动信号的管脚 SPEAK 同扬声器驱动接口 SPEAKER 相连。

（3）代表花样灯显示信号管脚 LAMP0、LAMP1、LAMP2 同 3 个 LED 灯相连。

【考核内容】

（1）具有时、分、秒计数显示功能，以二十四小时循环计时。

（2）具有清零，调节小时，分钟的功能。
（3）具有整点报时同时 LED 灯花样显示的功能。

实验七　字符发生器

【实验（上机）目的】

（1）了解点阵字符产生和显示的原理。
（2）了解 EPROM 和 16×16 点阵 LED 的工作原理。
（3）加强对用 CPLD 产生总线、地址定位的理解。

【实验（上机）内容】

（1）用 CPLD（EPM7128SLC84-15）芯片产生 2864 的地址 A9～A0 和读信号 OE，2864 的 CS 片选信号接"0"，VPP 接"1"。

（2）接收 2864 的数据信号 D7～D0，对外产生 16×16 点阵驱动电路，其中段驱动信号 Hout0～7，Lput0～7，片选地址信号 SEL3～0。

（3）针对 2864 中的地址映射，编写相应时序的读过程信号和写过程信号，以及相应的扫描顺序。

（4）实验连线：

① 输入接口：

● 代表扫描和地址产生的时钟信号管脚同可调时钟源相连，扫描时钟 SKDSP 不低于 250 Hz，读操作时钟 CLK>20SKDSP；汉字显示时钟 HZSEL 在 1 Hz 左右。

● 芯片的数据输入 DATA0～7 管脚同 2864 的 D0～D7 相连。

② 输出接口：

● 芯片的 addr0～9 管脚同 2864 的地址 A0～A9 相连（2864 的地址 A10～A12 接"0"或悬空）。

● 芯片的 RESET 与按键开关相连；芯片的 CLK 和 CKDSP 分别与字扫描时钟 clk0（即快时钟）读数据时钟 clk1（慢快时钟）相连。

● 芯片的 Hout7～0、Lout7～0 分别与 LED 输入端 L15～0 的高 8 位和低 8 位相连，SEL3～0 信号管脚同 2864 的 A4～1 相连；

● 2864 的 /OE 与 /CE 置低电平；而 /WE 置高电平（低电平有效）。

注：芯片左边右上角四个接孔从上往下分别为芯片的 83，2，1，84 引脚。

【实验（上机）环境】

（1）主芯片 EPM7128SLC84-15。
（2）可变时钟源。

（3）带有事先编程好字库/字符的 E^2PROM2864。
（4）16×16 扫描 LED 点阵。

【预备知识】

通过 CPLD 芯片产生读时序，将字形从 2864 中读出，然后产生写时序，写入 16×16 的点阵，使其扫描显示输出。

【实验（上机）步骤】

（1）有几种方法可以使字形显示旋转 90、180°？
（2）有几种方法可以使字形之间：①按一定延时显示；②按一定位移速度显示。

【考核内容】

（1）了解点阵字符产生和显示的原理。
（2）了解 EPROM 和 16×16 点阵 LED 的工作原理。
（3）加强对用 CPLD 产生总线、地址定位的理解。

参考文献

[1] 康华光. 电子技术基础. 数字部分[M]. 4版. 北京:高等教育出版社,2000:428-457.
[2] 潘松,黄继业. EDA技术实用教程 [M]. 2版,北京:科学出版社,2005:1-29.
[3] 刘力,胡博. 关于VHDL与EDA[J]. 电大理工,2007(6):71-72.
[4] 赵鑫,蒋亮,齐兆群,李晓凯. VHDL与数字电路设计[M]. 北京:机械工业出版社,2005:1-7.
[5] 陈耀和. VHDL语言设计技术[M]. 北京:电子工业出版社,2004:7-8.
[6] 万莉莉. Moore型和Mealy型有限状态机的VHDL设计[J]. 科技信息,1994:220-222.
[7] 曾繁泰,陈美金. VHDL程序设计[M]. 2版. 北京:清华大学出版社,2007:254-277.
[8] 刘瑞新. VHDL语言与FPGA设计. 基于Protel DXP开发平台[M]. 北京:机械工业出版社,2004:318-334.
[9] 朱小莉,陈迪平,王镇道. VHDL设计MOORE型有限状态机时速度问题的探讨[J]. 半导体技术,2002(4):48-51.
[10] 吴蓉. Moore型有限状态机的VHDL设计与资源利用研究[J]. 兰州铁道学院学报,2003(2):90-93.